树集成学习在有机合成预测中的应用

彭李超　杨晓慧　张普玉　著

河南大学出版社
HENAN UNIVERSITY PRESS
·郑州·

图书在版编目(CIP)数据

树集成学习在有机合成预测中的应用 / 彭李超，杨晓慧，张普玉著. --郑州 ：河南大学出版社，2023.12
ISBN 978-7-5649-5726-1

Ⅰ.①树… Ⅱ.①彭… ②杨… ③张… Ⅲ.①机器学习-应用-有机合成 Ⅳ.①O621.3-39

中国国家版本馆 CIP 数据核字(2024)第 004443 号

责任编辑 李亚涛
责任校对 郑 鑫
封面设计 高枫叶

出版发行 河南大学出版社
地址:郑州市郑东新区商务外环中华大厦 2401 号
邮编:450046
电话:0371-86059715(高等教育与职业教育出版分社)
0371-86059701(营销部)
网址:hupress.henu.edu.cn
排　　版 郑州市今日文教印制有限公司
印　　刷 广东虎彩云印刷有限公司
版　　次 2023 年 12 月第 1 版
印　　次 2023 年 12 月第 1 次印刷
开　　本 787 mm×1092 mm 1/16
印　　张 10.5
字　　数 183 千字
定　　价 49.00 元

前　言

树集成学习模型是一种经典的机器学习算法，可以用于分类、回归、特征选择等问题，目前已在实践中得到广泛应用，尤其是在数据挖掘和预测建模领域。树模型分为单棵决策树和集成树，决策树是最简单的树模型，也是集成树模型的基础。与深度学习等黑盒模型相比较而言，树集成模型通常更易于解释和理解。近年来，树集成模型的高预测性能、抗过拟合能力、可解释性和多类型数据处理等优点使其得到蓬勃发展。尽管如此，在模型的训练时间、复杂度等方面，树集成模型仍存在一些挑战和改进空间。

本书从经典的树集成模型理论出发，探讨了多种对经典的树集成模型进行改进的算法。基于此，从模型的构建、预测精度、收敛性、可解释性等角度研究了改进的树集成模型对有机化学反应合成产率的智能预测效果，以及产率与反应条件之间的内在关系分析。改进的树集成模型反应产率的精准预测性能将更好地辅助化学研究人员优化化学设计方案，加快化学反应的研究进程，从而助力化学学科的发展。

本书共分为9个章节。第2章阐述了特征描述符的选择，基于高维化学特征描述符数据的特点提出了基于重要性和相关性的特征描述符选择方法；第3章梳理了树集成学习模型的理论及算法流程；第4～9章展示了基于经典树集成模型的改进模型所做的一系列研究，包括基于分布式随机森林、深度森林、XGBoost、拓扑数据分析和LightGBM的结合、CatBoost、ChemCNet对有机化学反应合成产率的智能预测，以及产率与反应条件之间的内在关系分析。

团队致力于有机化学反应计算模拟方法及实际应用的研究，并取得了一些进展和成果。本书是对编者团队研究工作的初步总结，汇聚了整个团队的集体智慧。本书所涉及的程序代码如有需要可以联系作者获取。

本书的完成离不开多位老师和研究生的支持与帮助，感谢赵彦保教授、孙磊教授、邹雪艳教授等对本书的关心支持。特别感谢团队成员董晶、王恒哲、郭艳慧等的前期工作积累，以及在书稿整理过程中付出的辛勤劳动与努力，感谢团队成员杨梦君、侯晶晶、赵泉翎和张雅馨的校勘工作。本书的出版得到河南省自然科学基金项目(222300420417)、河南省高校重点科研项目(22A110002)等科研任务的资助，感谢纳米杂化材料应用技术国家地方联合工程研究中心、河南省人工智能理论及算法工程研究中心、河南大学数学与统计学院等的支持。

限于作者的水平，书中不妥之处在所难免，恳请有关专家、学者、读者惠予指正。

目　录

1 绪 论

1.1 树集成学习概述

当前,新一轮科技革命和产业变革突飞猛进,科学研究范式正在发生深刻变革,学科交叉融合不断发展,有机反应预测在药物合成、农业生产、材料设计等领域的应用逐渐广泛,在这个以信息技术、人工智能为代表的新兴科技快速发展的时代,智能化有机合成预测已然成为非常重要的研究方向。

近几年来,人工智能(Artificial Intelligence,AI)算法已经实现了预测催化剂活化性能、化学反应性能、化合物性质等,在化学研究领域展现出了巨大的应用潜力。然而,这些算法中的深度学习(Deep Learning,DL)算法以及各种网络算法大多数是如“黑匣子”一般的存在,它们无法解释做出决策的原因,且需要海量数据驱动,硬件需求高,应用市场较狭窄,对数据的依赖性较强,容易存在偏见。为此,研究人员考虑运用易于分析解释、应用更广泛的树模型来预测化学反应的性能。如利用随机森林(Random Forests,RF)模型预测化学品的毒性、糖基化立体选择性,利用混合遗传算法决策树模型预测溶剂结构对反应速率的影响,利用 XGBoost 算法预测分子和材料的特性等等。这些集成树模型算法不需要很大数据驱动,具有较强可解释性,也能得到更好的预测精度。

决策树模型是一类模型的统称,其发展最早可以追溯到 1948 年前后。克劳德·香农介绍的信息论,成了决策树模型学习的基础之一。在 1963 年,Morgan 和 Sonquist 开发出第一个回归树,并取名为自动交互检验(Automatic Interaction Detection,AID)模型。但是随着该理论领域的发展,AID 并没有真正地将数据固有的抽样变异性考虑到该模型范围内。在 1972 年,针对该缺陷 Messenger 和 Mandell 在 AID 的基础上作出了一定改进,提出了 THAID(Theta Automatic Interaction Detection)树。1980 年,Kass 开发出了一种名为 CHAID(Chi-squared

Automatic Interaction Detector)的算法,利用卡方检验的方式确定每个自变量和因变量之间的关系,推动了决策树领域更大程度的发展。然而,CHAID 算法只是考虑了局部优化原则并且把缺失值划分为一个单独的类,因此对于分类问题还是存在明显的局限性。相比之下,CART 决策树(Classification and Regression Tree,CART)算法,通过尽可能地再回头剪枝操作,对于一个变量多次重复使用,充分地寻找或填充缺失值的替代值的方式,极大程度地改进了 CHAID 算法的缺陷,现如今,该算法仍被机器学习领域广泛应用。1986 年,Quinlan 开发出 ID3(Interative Dichotomiser 3)算法,并于几年后提出了 C4.5 算法。

随着变量维度的增加以及数据结构的复杂化,通过构建并结合多个学习器来完成学习任务的集成学习也逐渐发展起来。集成学习大致可分为三大类:用于减少方差的 Bagging、用于减少偏差的 Boosting 以及用于提升预测结果的 Stacking。

2001 年,Breiman 正式提出主要基于 Bagging 算法的随机森林模型,该算法可以看成是 CART 决策树在随机空间中自由生长结合 Bagging 得到的模型。在实现上来说相对简单,并且在多数应用上表现出优良特性。如 Ahneman 等人发表的随机森林模型对 Buchwald-Hartwig 偶联反应性能的预测研究,这是机器学习方法在多维化学空间预测领域的进步。本项研究的成功,为化学家指导化学合成方法、预测化学反应性能,提供了一个强大而有用的工具。

Boosting 是主要应用于提高任意给定的学习算法精度的一种方法,它的思想起源于概率近似正确(Probably Approximately Correct,PAC)学习模型,随着弱学习和强学习的理论知识逐步走入机器学习领域,Valiant 和 Kearns 提出了 PAC 学习模型中弱学习算法和强学习算法的等价性问题:如何寻找一个比随机猜测得到的略好的学习算法可以将其提升为强学习算法,为后续该领域的发展提供了新的研究思路。自适应增强(Adaptive Boosting,AdaBoost)算法就是在这个基础上诞生的,它的发展在机器学习领域获得了极多的应用和关注。

20 世纪末 XGBoost(eXtreme Gradient Boosting)模型走入大众视野,为机器学习的发展注入了更新的力量。XGBoost 通过梯度提升的方式,对所要研究的集成树模型进行优化,它比较明显的特点是计算速度很快,模型的表现效果上优于 AdaBoost,并且在大规模数据集上进行的分类和回归的应用中展现出了较大的优势。21 世纪 10 年代,LightGBM(Light Gradient Boosting Machine)、CatBoost(Categorical Boosting)的先后诞生再次推动了机器学习算法的发展。LightGBM 也是一种梯度提升框架,它使用决策树作为基学习器,其特点是训练速度更快,效率更高，占据内存更低，并且支持并行化学习，可以处理大规模数据，适用于分类、回归等各种任务；CatBoost 是一种基于对称决策树（Oblivious Trees）算法的 GBDT 框架，在降低模型产生过拟合现象的同时，保证所有的数据集都有机会参与到学习过程中，减少信息的损失，并且性能卓越，鲁棒性与通用性相较于其他两种算法表现更好，广泛应用于各种研究领域，便于使用且更加实用。

1.2 树集成学习分类回归及其应用概述

有机合成在化学学科中一直是一个相对重要的研究领域。在过去几十年的发展进程中，化学家们利用多种化合物，结合适当的反应条件，成功地合成了许多特定研究领域、特定功能的化合物，为化学领域的高速发展作出了巨大贡献。但是，有机化合物在实际中的合成是非常困难的，烦琐的研究路径、较高的试错成本、较低的时间效率，对该领域的研究来说都是巨大的挑战。随着机器学习进入大众视野，对于有机化学合成预测领域来说，无疑是一种较优的研究思路。通过利用模型训练的方式将用于合成的化合物数据进行标注，输入机器学习模型中进行分析训练，我们可以帮助化学工作者降低发现新化学反应、新化合物周期，而且还可以最大限度地减少成本的消耗。随着机器学习算法的发展，世界各地越来越多的科学家表示他们希望将机器学习应用于有机化学合成领域，从而增强有机分子在药物开发、纳米材料科学和绿色化学等领域的应用价值。

传统的有机化学合成预测方法大多是在化学和物理的基础上进行的，一些常见的方法主要包括：量子力学、分子力学、群可加性、定量结构-性质关系（Quantitative Structure-Property Relationship，QSPR）和定量结构-活性关系（Quantitative Structure-Activity Relationship，QSAR）等。在机器学习方法出现之前，一直是用传统的方法对高维的有机化学性质进行预测，不论是从准确性，还是从计算成本上来说，都存在一定的局限性。由于机器学习方法可以从数据中进行学习，不需要再构建复杂的物理或化学模型，所以近年来人们对机器学习在有机化学合成预测领域中的应用也越来越感兴趣。而且现有的研究也已经表明，机器学习算法对于预测各种有机化学性质是十分有效的。

集成树是机器学习领域发展备受关注的模型之一。它是一种基于树模型的数据结构，通过将多个数据源进行集成，在实际应用过程中再将多个数据源之间的联系进行分析来构建模型，得到一种基于分层数据结构的集成模型。集成树的构建相对来说也是易于理解和应用的，它的数据源可以直接做树的根节点，将根节点进行进一步的划分，所得到的子节点代表集成中更具体的数据源，然后再将各子节点进行分支，直到所有的数据源都集成为止。集成树在有机化学领域的研究应用已经持续了 20 多年。该领域最早的研究是在加州大学伯克利分校进行的，他们通过研究开发了一种随机森林算法，来对有机化合物的毒性进行预测。此外，该算法也是迄今为止仍然被广泛应用的集成学习算法之一。随机森林算法的提出与应用，不仅是有机化学合成预测领域发展的关键一步，在机器学习领域也引起了广大研究者的重视。

随机森林算法是有机化学预测领域应用最广泛的机器学习算法之一。它的具体工作原理是在不同数据子集上构建多个决策树，决策树是另外一类机器学习模型，可以通过训练得到某种规则将具有层次结构的数据拆分为两组，持续这个拆分过程，直到得到最终目标或者达到设定的某个阈值，将不再进行拆分。其中，每棵树都是使用不同的数据集子集构建而成的，并且各个树的生长是相互独立的，树生长到其既定深度后，再将各个树的预测结果进行综合，得到最终预测结果。已有的研究证明，随机森林对于预测各种有机化学的毒性、溶解度、反应性等都是非常有效的。

近几年来，人们对其他类型的集成树在有机合成领域的预测也越来越感兴趣。例如，Boosting 算法中的梯度增强机（Gradient Boosting Machine，GBM）是由剑桥大学研究人员开发的一种算法。GBM 在工作方式上与随机森林类似，我们可以将其理解为函数空间上的梯度下降，区别在于二者使用的是不同的方法来对决策树进行构建和组合。GBM 首先在数据集上构建单个决策树，然后使用第一棵树的预测结果来计算梯度，又利用该梯度构造第二棵决策树，将该步骤持续下去，直到达到研究者所需要的精度为止。对于某些预测任务，GBM 表现出了比随机森林更优的准确性。

集成树在预测有机化学性质的某些方面上，已被证明比许多其他机器学习算法更准确。2022 年，Peng 等人提出了分位数回归森林概率密度预测模型，Dong 等人使用 XGBoost 模型预测反应产率，Mu 等人采用深度森林模型对反应产率进行分类预测，此外，XGBoost、LightGBM、CatBoost 也已经应用于有机化学预测领域，这些算法与 GBM 类似，区别就在于使用时的不同的性能和可扩展性。

总的来说，树集成学习在有机化合预测领域发展前景广阔，如何利用高维的化学数据获得训练速度更快、耗时更短、结果更精确的预测结果，仍是一项富有意义且具有挑战性的工作。

1.3 本书内容结构及安排

基于上述的分析，本书主要侧重在更有效的特征描述符的基础上，研究如何利用有限的数据进行化学反应条件和反应产率的优化和预测。本书介绍主要分为3个部分展开。第1部分是研究数据及树模型基础理论准备篇，主要包括高维数据的特征选择和经典树模型的介绍两部分内容；第2部分是基于随机森林的实际应用篇，主要包括提出的分位数回归森林概率密度预测模型和深度森林模型两项工作；第3部分是基于Boosting的实际应用篇，主要包括基于XGBoost的有机合成预测、基于拓扑数据分析和LightGBM的有机化学合成智能分析、基于CatBoost的有机合成预测和提出的基于ChemCNet模型的产率智能预测与分析的四项工作。

本书共9章，主要内容如下：

第2章通过验证基于高维化学特征描述符数据的特点提出的基于重要性和相关性的特征描述符选择方法，得到了全面而又简洁的特征描述符数据，为后续模型的输入和计算提供了便利。

第3章根据树模型在特征选择时是否按照单一特征进行划分的属性，将树模型分为决策树和集成树两个部分来简单的梳理。其中，决策树部分均是单变量决策树，主要包括ID3算法、C4.5算法、CART算法；集成树部分均是结合多个学习器来完成学习任务的，主要包括随机森林、梯度提升树、XGBoost、Catboost以及LightGBM算法。

第4章主要介绍了分位数回归森林概率密度预测模型。该模型结合了分位数回归森林与概率密度估计模型两者的优势，在具体应用过程中不仅可以推断出响应变量完整的条件分布，而且这些信息对于构建预测区间和检验数据中的离群点也是可行的，为研究者在实际研究中选择更合适的反应条件提供了更多的可能性。

第5章介绍了一种主要针对于高维小样本数据的深度森林模型。由于深度学习模型对于样本的数据量具有一定的要求，在实际应用中研究高维小样本事件就会存在一定的局限性。基于本文提出的深度森林模型，在对第2章特征筛选后的小样本数据构建统计测度后，分别从差异性检验、稀疏数据上的预测表现、时间复杂度分析和样本外预测几个方面的预测结果对其进行评估，评估结果反映了该模型的可行性，为辅助化学研究人员得到较高的反应产率提供了有效途径。

第 6 章主要结合 XGBoost 和 SHAP 值模型性能，基于第 2 章筛选得到的全面而又简洁的特征描述符数据，分别对智能产率预测、反应条件的优化和解释自变量与因变量的相关关系进行研究。文章通过对模型的构建及优化求解、参数分析优化、收敛性分析、预测精度分析、可解释性分析和泛化性能分析几个模块的实验分析，证明了研究方法的有效性，为研究人员获得 Buchwald-Hartwig 偶联反应高产率的反应条件提供了一种更便利、可行的方法。

第 7 章主要介绍了 OCS-TGBM 模型，来研究和解释 Buchwald-Hartwig 偶联反应中反应条件与产率之间的内在关系。首先，基于前面第 2 章筛选得到的全面而又简洁的特征描述符数据，提出了一种基于拓扑数据分析（Topological Data Analysis，TDA）的方法；其次，为利于获得高产率的反应条件和组合，与 LightGBM 模型相结合；最后，为了使得 LightGBM 模型的性能获得进一步提升，引入了分层多样性采样策略。由此构建了训练速度更快、内存消耗更低、预测性能更好的智能预测系统，为未来设计出更高效的化学材料，拓展了新的思路。

第 8 章主要研究基于集成树模型 CatBoost 构建的一个产率智能预测与分析系统。首先，该研究将递归消除法（Recursive Feature Elimination，RFE）与 CatBoost 进行结合，对第 2 章数据集重新进行特征选择，有效地降低了数据冗余性；其次，通过参数分析、收敛性分析、预测精度分析、时间复杂度分析和泛化性分析几个方面来对 CatBoost 模型的性能进行评估，并与多种先进深度学习和机器学习算法进行比较，证明了该模型在准确性和高效性上均优于其他模型，为化学实验人员提供了更多方案设计方面的更有价值的决策信息。

第 9 章研究的是一个由集成提升树 CatBoost 和注意力驱动的轻量级卷积神经网络结合的产率智能预测与分析系统——ChemCNet（CatBoost and Neural Network for Chemistry），旨在获取一些必要的高层次抽象特征。模型表征能力的好坏对后续的实验结果起着至关重要的作用。本章根据数据结构特点，首先利用轻量级卷积神经网络提取数据的深层抽象表征，接着利用一个轻量级注意力模块增强数据表达效果，最后通过与树模型 CatBoost 结合，构建了 ChemCNet 混合模型。为分析模型的有效性，本章从结构设计、特征学习性能、预测精度分析、泛化性能分析几个方面对 ChemCNet 模型进行验证，证明了模型对反应产率的精准预测具有较好的性能，这将为化学研究人员的研究提供更有价值的帮助。

2 数据来源及其特征描述

利用综合、简洁的特征数据实现较高的预测精度是降低问题分析复杂度的重要一步。不同领域的高维数据都有一定的特点，依据数据自身的特点去筛选才会有事半功倍的效果。

本章基于高维化学特征描述符数据的特点提出了基于重要性和相关性的特征描述符选择方法。该方法首先对特征描述符数据按类别分别计算了描述符的重要性得分，并依此进行了第一阶段的筛选。由于第一阶段筛选后汇总得到的描述符数据之间仍存在一定的冗余信息，为了去除数据间的相关性，接着进行了第二阶段的筛选，最后得到了全面而又简洁的特征描述符数据，为之后模型的输入和计算提供了便利。

2.1 数据来源

2010 年 10 月 6 日，瑞典皇家科学院宣布，本年度诺贝尔化学奖授予美国科学家 Richard、日本科学家 Negishi 和 Suzuki。这三位科学家因研究出“有机合成中的钯催化的交叉偶联方法”而获得此项殊荣。该方法能够简单而有效地使稳定的碳原子方便地联结在一起，进而合成结构更为复杂的分子。这些交叉偶联合成方法的诞生，使得化学家操控原子和分子的能力和水平得到空前提升。运用这些方法，很多过去难以合成甚至无法合成的物质都已经被轻而易举地创造出来。在实际中，他们发明的方法也已经被广泛应用于制药、电子工业和先进材料等领域的科学研究与工业生产。偶联反应在有机合成中十分重要，其产物广泛应用于医药、农药、天然产物甚至先进的功能材料中。然而，制造复杂但又十分重要的有机材料，往往需要通过化学反应将原子进行“偶联”，C—N 键的偶联反应是现代有机合成中的一个重要领域。通过生成 C—N 键可以制备胺及其衍生物、含氮杂环等，它们很多是具有生物药用活性的化合物或一些重要的中间体。其中，芳胺在医药和功能材料等领域发挥着重要作用，Buchwald-Hartwig 胺化反应[1-4]是合成取代芳胺的一种高效且通用的方法，也是利用钯(Pd)催化构建 C—N 键的有机合成领域的研究热点之一。

2018 年 Ahneman[5]等人发表的论文含有关于 Buchwald-Hartwig 偶联反应的数据。Buchwald-Hartwig 偶联反应的反应式以及反应条件的分子结构如图 2-1 所示。作者通过 Merk 研究实验室开发的高通量反应仪在 1536 个孔板中进行的纳米级实验，发现使用“Mosquito”机器人可以同时评估比以前的经典统计分析更多的反应维度。三个 1536 孔板由 23 种异恶唑添加剂(Additive)、15 种芳基卤化物(Aryl)、4 种钯催化剂的配体(Ligand)和 3 种碱基基底(Base)组成，之所以选择这三种碱基，是因为它们在室温下是液体，HTE 机器人易于交付。经过高通量扫描(High Throughput Screening，HTS)共得到了 4608 个(包含对照实验)Buchwald-Hartwig 偶联反应产率数据，这些反应的产率被用作模型输出。其中大约 30%的反应无法传递任何产物，其余反应相当均匀地分布在产率范围内，去除缺少部分反应物的偶联反应后剩余 3960 个有效实验数据。

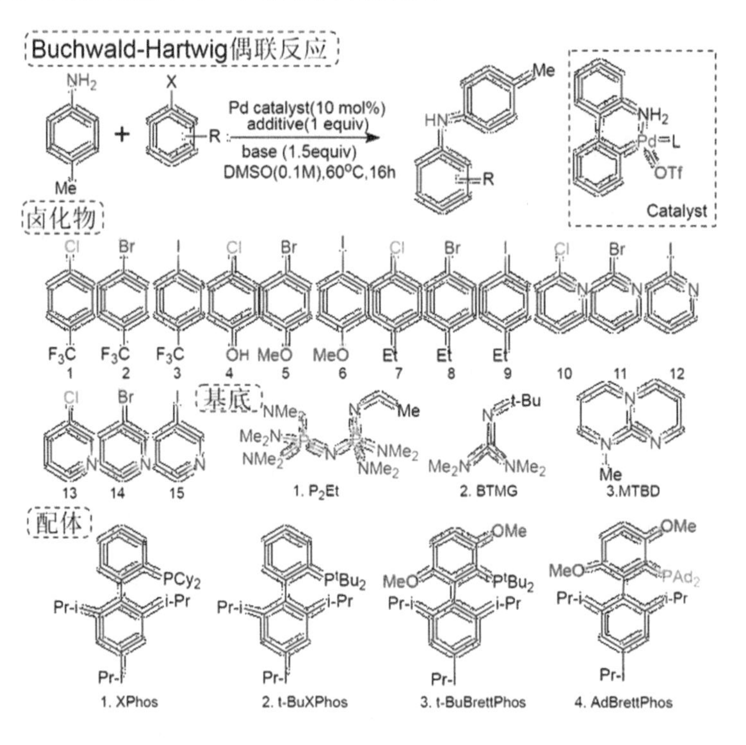

图 2-1 Buchwald-Hartwig 偶联反应的反应式及反应条件示意图

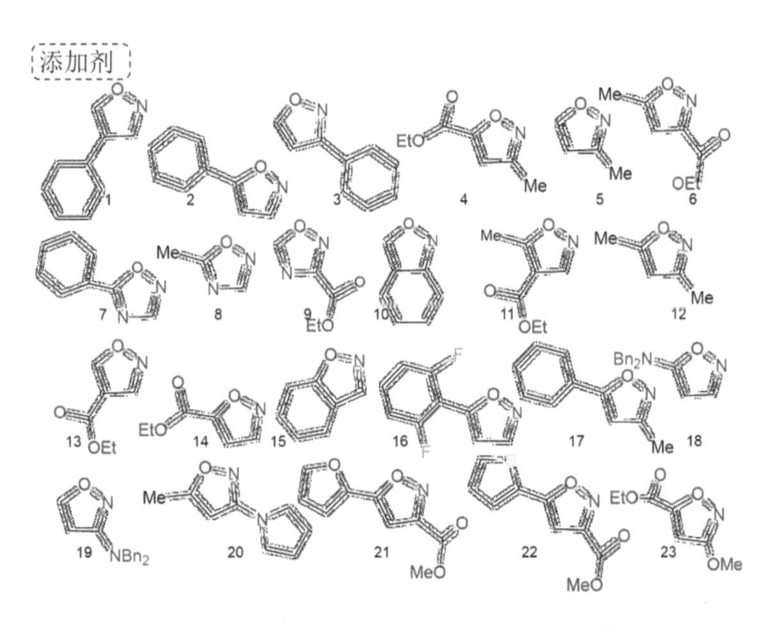

图 2-1 Buchwald-Hartwig **偶联反应的反应式及反应条件示意图(续)**

2.2 特征描述符

接下来,转向选择合适的特征描述符。在线性回归分析中,该选择通常根据机械假设手动完成。有时使用主成分分析将参数集减少为不相关且统计上可处理的数据。对于机器学习模型,作者寻找了一组描述符,这些描述符可以充分描述反应之间的差异,而无须求助于特定的假设。出于内部一致性和描述符可用性的原因,使用了计算属性。Ahneman 等人[5]为了避免对计算数据分析和记录的耗时,他们开发了一种程序,将分子、原子和振动特性提交给 Spartan 软件进行计算,然后从生成的文本文件中提取这些特征,以便一般用户访问。该程序只需要在 Spartan 图形用户界面中输入试剂(例如,芳基卤化物、配体、碱)的化学结构,并在 Python 脚本中输入反应组合的规则即可生成可用于建模的数据表。对于 Buchwald-Hartwig 偶联反应,该软件旨在自动生成特征。该过程的工作原理具体如下:

设置.py 运行时,程序首先从 molecule.spinput 文件中提取笛卡尔坐标、原子标签和 Hessian 矩阵。创建目录结构后,用该分子信息填充 M0001/输入文件。输入文件中还添加了计算细节,如收敛参数和描述符输出选项。

创建输入文件后,程序通过命令行(B3LYP \/ 6－31G＊)提交 Spartan DFT

计算。在这些计算过程中，Spartan 在 DFT、频率和特性计算之前执行几何 S17 优化。如前所述，由于这些系统之间的语法不同，命令行提交在 Mac 上不起作用。在 Spartan 计算过程中，该文件夹结构中生成了许多文件，包括一个名为“output”的文件。该文件位于分子的 M0001 文件夹中，包含所有相关的计算输出。在这一点上，提取了分子、原子和振动描述符。

使用输出文件中的适当关键词提取分子描述符，例如“分子体积”。提取的分子描述符包括分子体积、表面积、椭圆度、分子量、EHOMO、ELUMO、电负性、硬度和偶极矩。

还从输出文件中解析了原子描述符。首先，确定每个试剂类别的共享原子(例如：添加剂的共享原子为 * O1、* N1、* C3、* C4 和 * C5)。这些是通过比较试剂类别内每个分子(例如：所有芳基卤化物)之间的原子标签来确定的。所有包含“ * ”且存在于每个分子中的原子标记都被视为共享原子。这个过程强调了用户适当标记原子的重要性。对于每个共享原子，使用输出文件中的关键字提取计算的静电电荷和计算的核磁共振位移。

为了提取与共享分子振动相关的信息，首先必须确定哪种分子振动确实由底物类(碱基、芳基卤化物等)中的所有分子共享。所以使用以下策略来比较分子振动的相似性。在输出文件中，每个分子振动都表示为一个 N×3 矩阵，其中每行是一个原子，每列是与该原子运动相关的 x、y 或 z 坐标。即首先提取这个原子运动数据，并将其细分为每个振动模式的共享原子。

为了比较两种分子振动的原子运动，必须使用相同的坐标系。因此，使用每个分子优化几何形状的原子坐标(而不是分子振动的坐标)来查找每个轴上的旋转，从而最小化匹配原子之间的距离。在测试每个分子中的标记原子不共线(以确保可以定义明确的坐标系)后，旋转其中一个分子以最小化常见原子之间的距离。注意，由于对每个结构进行了几何优化，分子不会完全重叠。然后将该旋转序列应用于分子振动，以便可以直接比较它们。将原子运动矩阵从 N×3 矩阵展平到长度为 3N 的向量后，计算这两个分子振动之间的皮尔逊相关系数(R^2)。根据经验，通过原子质量加权的原子运动比单独的原子运动更好地预测共享振动模式。如果不加权，氢原子的运动相对于较重原子的运动往往表现出极大的重要性。因此，最终算法计算平坦原子运动矢量的 R^2 值，其中每个矢量乘以该原子的原子质量。

计算一对分子的每个分子振动的皮尔逊相关系数创建相关矩阵。例如，如果分子 A 有 30 个振动模式，而分子 B 有 45 个振动模式，它们的相关矩阵将有 30 行

45 列。使用相关矩阵，使用以下标准确定共享分子振动：

(1) R^2 值必须在其行和列中都是最高的；

(2) R^2 值必须大于 0.50；

(3)振动频率必须大于 $500cm^{-1}$(低于该阈值的计算频率不可靠)。

使用我们生成的一个相关矩阵，我们发现使用这些标准确定的分子振动可在所有情况下识别相同的振动模式。对 R^2 值使用较低的阈值会导致振动被选为“共享”振动，而这些振动并不相同。使用更高的 R^2 阈值并没有提高匹配精度。

基于上述标准，生成了共享振动模式列表。在第一个分子和试剂类中的每个剩余分子之间生成相关矩阵。例如，由于筛选中使用了 15 个芳基卤化物，因此生成了 14 个芳基卤振动模式的相关矩阵(在芳基卤素 1 和 2、1 和 3、1 和 4 之间，等等)。如果每个分子的振动与第一个分子的振动模式相匹配，则认为该振动模式是守恒的。在这种情况下，提取每个分子的振动频率和强度，这些数字将作为振动描述符。

该软件共提取了 120 个特征描述符来表征每个反应，其中包括分子描述符(28 个)：最高占据分子轨道能级、最低未占据分子轨道能级、分子偶极矩、电负性、硬度、体积、质量、椭圆度和表面积等；原子描述符(64 个)：原子静电荷、核磁共振位移等；振动描述符(28 个)：振动频率、强度等。120 个描述符也可以分为 19 个添加剂描述符、27 个芳基卤化物描述符、10 个基底描述符和 64 个配体描述符。

添加剂描述符($n = 19$)：EHOMO，ELUMO，Dipole Moment，Electronegativity，Hardness，Molecular Volume，Molecular Weight，Ovality，Surface Area，* C3 NMR Shift，* C3 Electrostatic Charge，* C4 NMR Shift，* C4 Electrostatic Charge，* C5 NMR Shift，* C5 Electrostatic Charge，* N1 Electrostatic Charge，* O1 Electrostatic Charge，V1 Frequency，V1 Intensity.

芳基卤化物描述符($n = 27$)：EHOMO，ELUMO，Dipole Moment，Electronegativity，Hardness，Molecular Volume，Molecular Weight，Ovality，Surface Area，* C1 NMR Shift，* C1 Electrostatic Charge，* C2 NMR Shift，* C2 Electrostatic Charge，* C3 NMR Shift，* C3 Electrostatic Charge，* C4 NMR Shift，* C4 Electrostatic Charge，* H2 NMR Shift，* H2 Electrostatic Charge，* H3 NMR Shift，* H3 Electrostatic Charge，V1 Frequency，V1 Intensity，V2 Frequency，V2 Intensity，V3 Frequency，V3 Intensity.

基底描述符($n = 10$)：EHOMO，ELUMO，Dipole Moment，Electronegativity，Hardness，Molecular Volume，Molecular Weight，Ovality，

Surface Area，* N1 Electrostatic Charge.

配体描述符($n=64$)：Dipole Moment，* C1 NMR Shift，* C1 Electrostatic Charge，* C2 NMR Shift，* C2 Electrostatic Charge，* C3 NMR Shift，* C3 Electrostatic Charge，* C4 NMR Shift，* C4 Electrostatic Charge，* C5 NMR Shift，* C5 Electrostatic Charge，* C6 NMR Shift，* C6 Electrostatic Charge，* C7 NMR Shift，* C7 Electrostatic Charge，* C8 NMR Shift，* C8 Electrostati Charge，* C9 NMR Shift，* C9 Electrostatic Charge，* C10 NMR Shift，* C10 Electrostatic Charge，* C11 NMR Shift，* C11 Electrostatic Charge，* C12 NMR Shift，* C12 Electrostatic Charge，* C13 NMR Shift，* C13 Electrostatic Charge，* C14 NMR Shift，* C14 Electrostatic Charge，* C15 NMR Shift，* C15 Electrostatic Charge，* C16 NMR Shift，* C16 Electrostatic Charge，* C17 NMR Shift，* C17 Electrostatic Charge，* H11 NMR Shift，* H11 Electrostatic Charge，* H3 NMR Shift，* H3 Electrostatic Charge，* H4 NMR Shift，* H4 Electrostatic Charge，* H9 NMR Shift，* H9 Electrostatic Charge，* P1 Electrostatic Charge，V1 Frequency，V1 Intensity，V2 Frequency，V2 Intensity，V3 Frequency，V3 Intensity，V4 Frequency，V4 Intensity，V5 Frequency，V5 Intensity，V6 Frequency，V6 Intensity，V7 Frequency，V7 Intensity，V8 Frequency，V8 Intensity，V9 Frequency，V9 Intensity，V10 Frequency，V10 Intensity.

2.3 基于重要性和相关性的特征描述符选择

2.3.1 基于重要性的特征描述符筛选

Between Category to Within-Category Sums of Squares(BW)是一种评估各类特征重要性的方法，常用于信息基因选择中[6]。

BW 特征筛选方法采用某种指标对特征进行“打分”，然后根据分数高低对特征进行排序，最后选择 Top K 个特征作为信息特征[6]。BW 对于一个特征 j，该分值定义为：

$$\mathrm{BW}(j)=\frac{BSS(j)}{WSS(j)}=\frac{\sum_{i}\sum_{k}I(l_i=k)(\bar{x}_{kj}-\bar{x}_{.j})^2}{\sum_{i}\sum_{k}I(l_i=k)(\bar{x}_{ij}-\bar{x}_{kj})^2},\tag{2-1}$$

其中，$\bar{x}_{.j}$ 为所有样本的第 j 个特征的平均表达水平；$\bar{x}_{kj}$ 为第 k 类所有样本的第 j 个特征的平均表达水平；l_i 为当前样本的类标签；$I(*)$ 为判别函数，用来判断当前对应的样本属于哪个类别，当 * 逻辑表达式为真时，它的值为 1，否则为 0。

BW 就速度和简洁性而言十分实用，但通过计算选取的前"K"个较重要的特征之间仍然会存在一定的相关性。

2.3.2 基于相关性的特征描述符筛选

Least Absolute Shrinkage and Selection Operator（LASSO）是 Tibshirani 于 1996 年提出的一种回归分析方法，它不仅可以选择变量，还能实现正则化，从而有效地减少数据中共线性的影响[7]。该方法应用十分广泛，如信息基因选择、股票预测、化学描述符筛选等多个方面。其基本思想是在回归系数的 L_1 范数小于一个常数的约束下，将残差的平方和最小化，从而生成一些严格等于 0 的回归系数。回归系数的 L_1 范数是指各个系数的绝对值之和。

假设数据 $\{(x_i, y_i), i=1,2,\cdots,N\}$，$x_i \in R^d$，其中 x_i, y_i 分别为第 i 个观测值和对应的标签，$\beta=(\beta_1,\beta_2,\cdots,\beta_d)^T$ 是回归系数向量，β_0 是截距。LASSO 的目标函数为：

$$(\hat{\beta}_0, \hat{\beta}) = \operatorname{argmin}_{\beta_0,\beta} \sum_{i=1}^{N} (y_i - x_i^T\beta - \beta_0)^2 + \lambda \|\beta\|_1, \tag{2-2}$$

其中，λ 为惩罚参数，控制模型的复杂度，λ 越大，对变量较多的线性模型的惩罚力度就越大，从而获得一个变量较少的模型，反之亦然。

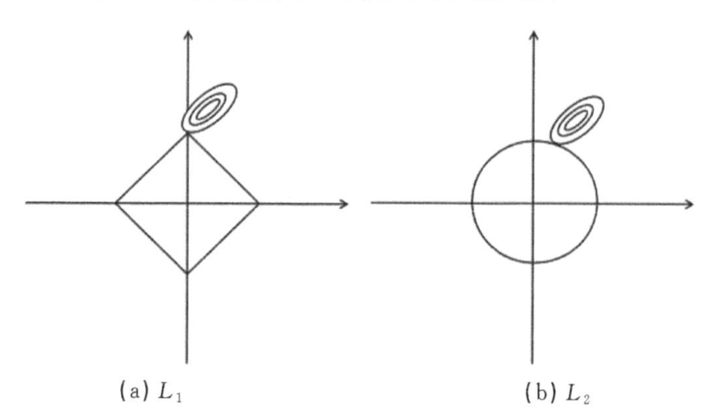

图 2-2　不同正则化参数的逼近图

以二维数据为例，即只有两个权值 β_1、β_2，此时 $L_1 = |\beta_1| + |\beta_2|$，对于梯度下降法，求解损失函数的过程可以画出等值线，同时 L_1 正则化的函数 L 也可以在 β_1、β_2 的二维平面上画出来，如图 2-2 所示；而回归系数的 L_2 范数是指各个系数平方

值的和，如 $L_2=\beta_1^2+\beta_2^2$，类似地画出对应损失函数以及正则化函数的图像，如图 2-2 所示。相较于 L_2 范数约束的结果，L_1 范数约束更易与坐标轴相交，从而使得回归系数为 0，达到降维的目的。

2.3.3 基于重要性和相关性的特征描述符选择方法

为了获得更全面的特征信息，本章选择了 BW 评估各类描述符的重要性。进一步地，通过分析可以发现经过初步的特征筛选后，这些特征之间可能仍然存在很强的相关性。因此，为了获得尽可能简洁的化学描述符并达到较高的预测精度，本章选择了 LASSO 再次对初步筛选获得的特征进行筛选，以去除相关性。

在这一部分需要选择的参数有两个：第一阶段 BW 特征筛选的重要性阈值、第二阶段 LASSO 中正则化参数 λ 的选择。其中，在 BW 中，通过划分阈值并进行实验，以此选择合适的特征筛选阈值；在 LASSO 中，通过将数据集进行十折交叉验证，得到适当的正则化参数。

2.4 实验结果与分析

第一阶段通过 BW 算法，得到了分子、原子以及振动描述符的 BW 重要性得分，结果如图 2-3 所示。可以看到，描述符的 BW 重要性得分大多数是大于 0.5 的，部分得分超过了 1。

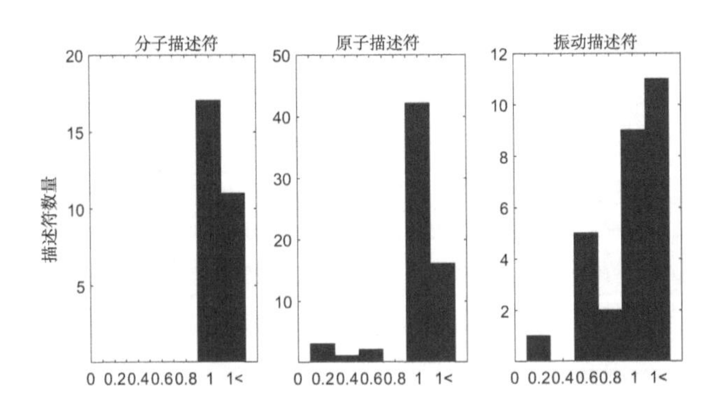

图 2-3 描述符 BW 重要性得分阈值分布情况

利用得分进行筛选，就要确定划分 BW 重要性得分的阈值。对此，本节通过实验，证明了对于本文所用的描述符数据，当得分阈值取 1 的时候，也就是取三类描述符 BW 重要性得分大于 1 的描述符作为随机森林模型输入时，对应的预测结果最好。结果如图 2-3 所示，可以看到峰值为 BW 重要性得分阈值为 1。此时描述符数量为 38，其中分子描述符 11 个、原子描述符为 16 个、振动描述符为 11 个；此时利用随机森林模型得到的预测精度为 $R^2=0.93$，RMSE＝7.36％为图 2-5 结果，此结果优于源数据 $R^2=0.92$，RMSE＝7.80％为图 2-8 第一张图结果。因此在第一阶段，选取的 BW 重要性得分阈值参数为 1。

进一步地通过汇总并计算第一阶段筛选得到的描述符数据的皮尔逊相关系数，发现数据间仍存在冗余信息，为了获得更加简洁的描述符数据，本节利用 LASSO 进行了第二阶段的筛选。在此过程中需要确定 LASSO 中的惩罚参数 λ，为此本节利用十折交叉验证来分割数据并获得了适当的参数（Lambda-Min-MSE）$\lambda=0.001$。

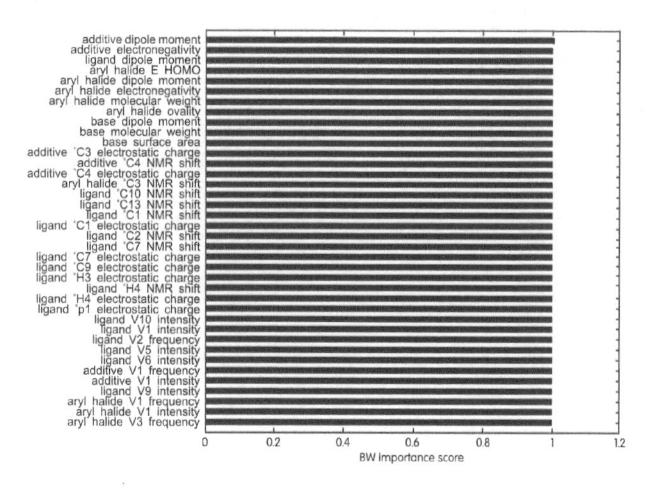

图 2-4　BW 计算的 38 个重要度大于 1 的描述符

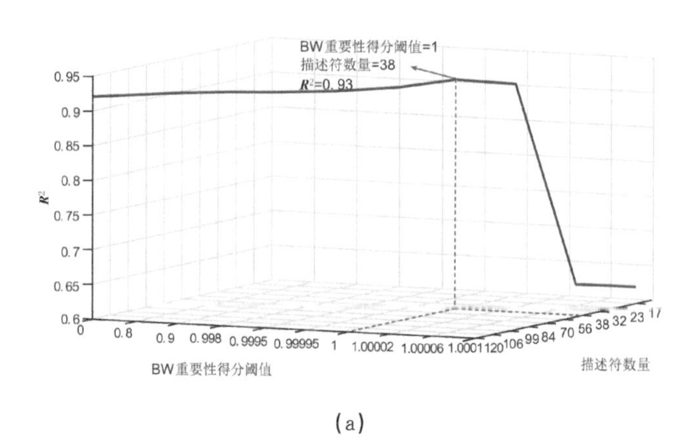

(a)

图 2-5　不同 BW 重要性得分阈值下的随机森林预测结果

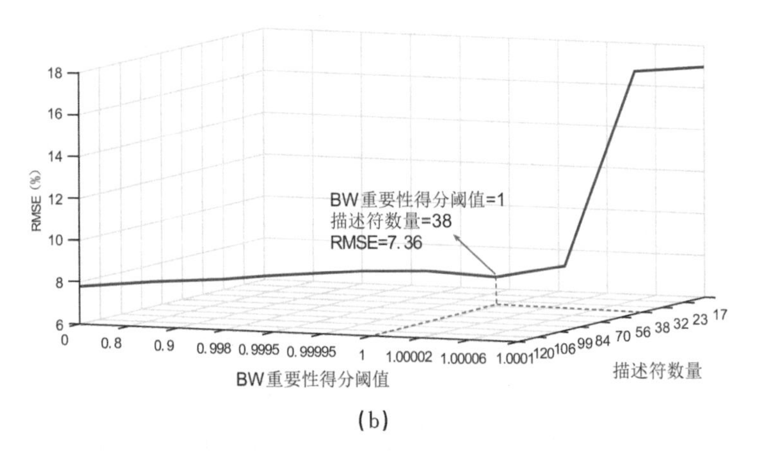

(b)

图 2-5　不同 BW 重要性得分阈值下的随机森林预测结果(续)

为了直观地检测不同参数下的交叉验证误差,本节绘制了交叉验证的拟合图。如图 2-6 所示,绿色圆圈和虚线定位了交叉验证误差最小时对应的 λ 。参数确定后,将 38 个描述符输入 LASSO 模型,通过计算,只有 21 个描述符对应的系数不为 0。由此,完成了第二阶段的特征筛选。

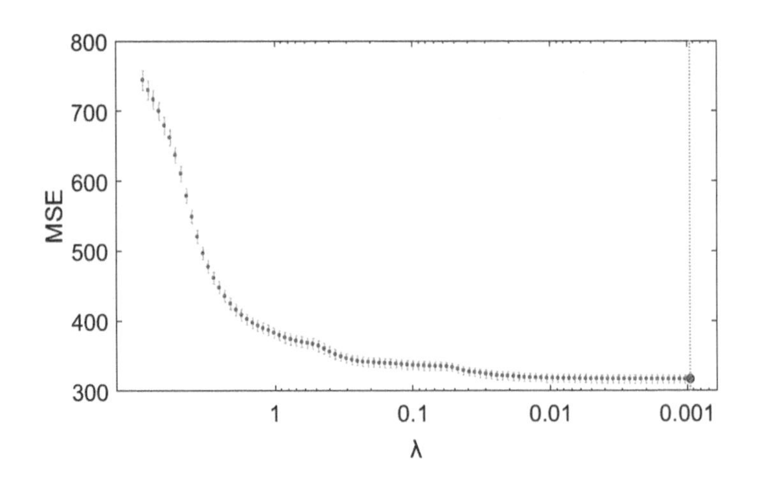

图 2-6　交叉验证拟合图

最后,通过两阶段的筛选,本章得到了全面而又简洁的特征描述符数据。相比源数据以及第一阶段筛选后得到的数据,两阶段筛选得到的数据更稀疏。为了直观地展现最后筛选得到的数据的简洁性,本节绘制出了相关性热图,如图 2-7 所示,由图中对比可以看到,基于重要性和相关性的特征描述符选择方法确实获得了更简洁的描述符数据。进一步地,如图 2-8 所示,通过对比源数据、第一阶段筛选得到的38个描述符数据以及基于重要性和相关性的特征描述符选择方法得到的21个描述符的随机森林预测结果,可以发现本章特征筛选后得到的描述符仍能得到好的预测精度,这也证明了本章特征选择方法是有效的,筛选得到的特征是全面而又简洁的。因此,该数据将作为本节之后的实验数据。

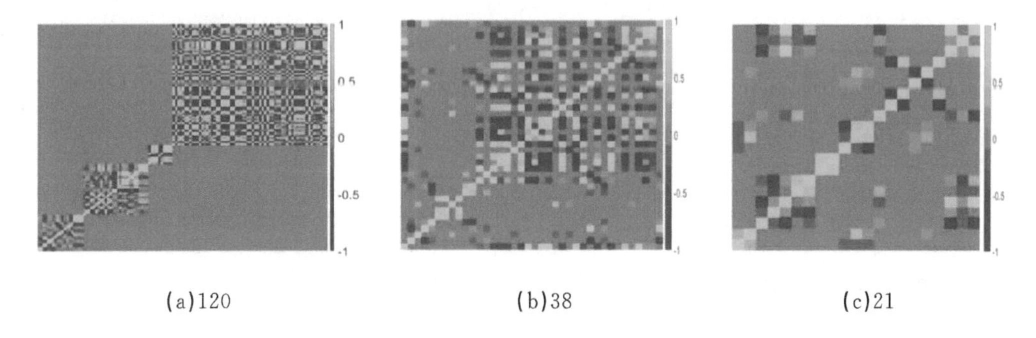

图 2-7 120、38、21 个描述符的相关性可视化结果

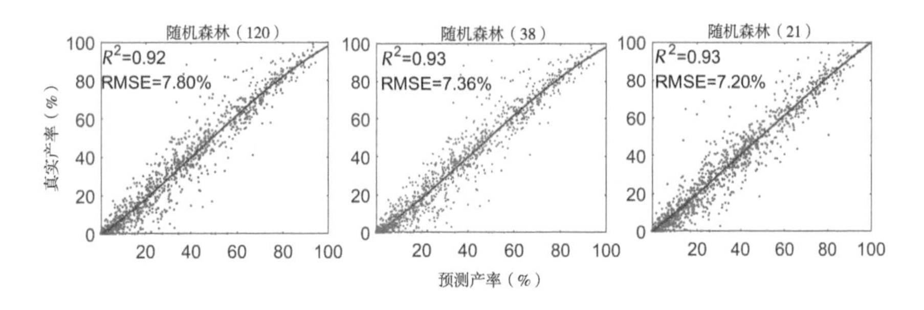

图 2-8 特征描述符筛选前后随机森林预测结果对比

事实上,本节也对提出的基于重要性和相关性的特征描述符选择方法进行了消融实验,结果如表 2-1 所示。其中,实验 1:第一阶段描述符不分类,整体计算 BW 分数并排序,确定合适的阈值,其预测精度降低了,通过去除相关性虽然预测精度有所提升,但相比于本章提出的方法,精度结果仍有一定差距,且特征的数量也较多,实验 1 证明了去除特征描述符之间的相关性是必要的;实验 2:直接对源数据整体去除冗余性,得到的结果精度并不高,且特征数量仍较多;实验 3:对源数据中描述符分类去除冗余性再合并进行预测,可以看到筛选后得到的描述符数量仍较多。实验 2 结合实验 3 证明了对描述符按类别筛选的重要性。

表 2-1　特征选择消融实验结果

实验	数据	方法	特征数量	R^2	RMSE（%）
1	源数据（不分类别）	第一阶段:BW	95（最佳阈值为 0.99）	0.915	7.94
		第二阶段:LASSO	37	0.919	7.75
2	源数据（不分类别）	LASSO	42	0.916	7.89
3	源数据（分类别）	LASSO	55	0.919	7.73
4	本章方法	第一阶段:BW	38（最佳阈值为 1）	0.925	7.36
		第二阶段:LASSO	21	0.928	7.20

实验 4 是本章提出的基于重要性和相关性的特征描述符选择方法，通过与实验 1、2、3 对比，可以证明本章提出的特征选择方法的有效性。

2.5 本章小结

本章提出的基于重要性和相关性的特征描述符选择方法，对特征描述符数据进行了两个阶段的筛选。通过特征描述符筛选前后的预测对比试验以及消融实验，都证明了特征描述符选择的有效性。因此，通过本章的方法可以得到全面而又简洁的特征描述符数据，这大大减少了模型的计算量，同时也能得到较好的预测结果。

3 树集成学习模型

树集成学习模型通常被认为是多个决策树集合而成的模型，是无监督学习方法中最好且最常用的方法之一。相较于单个决策树，具有较高的预测性能，使得模型的精确率更高、更加稳定并且容易解释。基于树的学习算法不仅可以用于对任务进行分类，处理预测给定数据点类别的问题，也可用于回归，判断处理预测连续值的问题。与线性模型不同，基于树的模型能够很好地表达非线性关系，这使得该类模型成为解决特征变量和目标变量之间非线性任务关系的良好选择。树模型分为单棵决策树和集成树，其涵盖的决策树、随机森林、梯度提升等方法在各种数据科学问题中被广泛使用。本章将对经典的树模型做一个简单梳理。

3.1 决策树

决策树[8](Decision Tree，DT)亦称判定树，是一种类似于流程图且可以用于决策的树状结构。决策树模型是基于树的模型中最基础的概念，它能够从一系列有特征和标签的数据中总结出决策规则，并用树状图的结构来呈现这些规则，以解决分类和回归问题。决策树算法容易理解，可解释性强，适用于各种数据，在解决各种问题时都有良好的表现，在各个行业和领域都有广泛的应用。

一般地，一棵决策树的构造是经过树的多次生长来完成的，也就是把一个数据集中的训练样例进行不断分割最终形成一个树状结构。决策树的一个非叶子节点代表着数据集在一个属性上的分割，通过属性值的不同将相应节点所对应的数据集分割成子集，每个子集用一个分支表示；叶节点都对应于决策结果；根节点包含样本全集。所以一颗完整的决策树由三部分组成：一个根节点、若干个内部节点和若干个叶节点。

图 3-1 是一棵判断西瓜好坏的决策树。其中，用矩形表示根节点和内部节点，椭圆形表示叶子节点，从根节点到叶子节点的每一次分裂都是按照某个属性展开

的，每一个非叶子节点都在决策过程中选择一个属性，根据不同的属性生成不同的分支，直到到达叶子节点处得到分类结果为止。例如：第一次分裂中，根节点的分裂是根据“纹理”这个属性进行的，它使根节点产生了三个分支；第二次分裂中，根节点的“右子节点”是一个对应于决策结果的叶子节点，停止对其进行分裂，而“左子节点”和“中间子节点”继续根据相应的“根蒂”和“触感”属性进行分裂，依次进行下去，直至所有的节点均无法继续分裂为止。

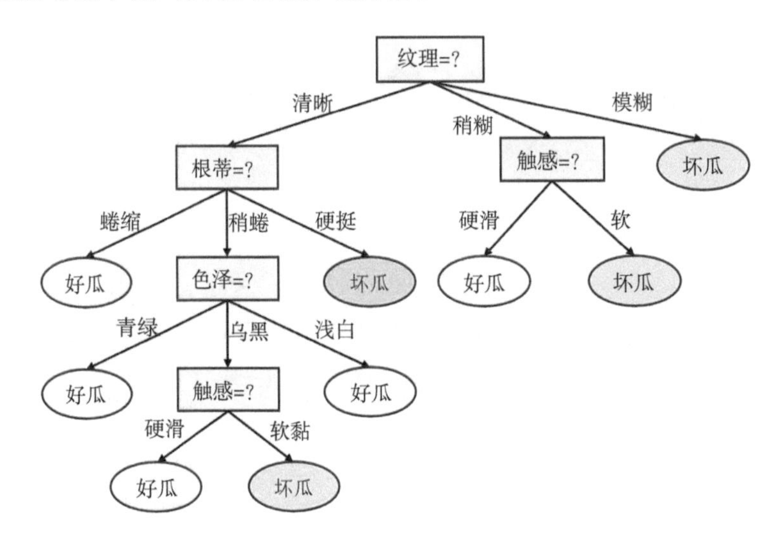

图 3-1　西瓜问题的一棵决策树(摘自周志华老师《机器学习》)

决策树正是以这种自顶向下的递归的方式构造的，从而可以将数据分割成越来越小的子集。决策树学习的目的是产生一棵泛化能力强，即处理未见示例能力强的决策树，其基本流程遵循简单且直观的“分而治之”策略，如算法 3-1 所示。

算法 3-1:决策树学习基本算法

输入:训练集 $D=\{(x_1,y_1),(x_2,y_2),\cdots,(x_m,y_m)\}$

属性集 $A=\{a_1,a_2,\cdots,a_d\}$

过程:函数 *TreeGenerate*(D,A)

1:生成结点 *note*;

2:if D 中样本全属于同一类别 *note*;return

3:　　将 *note* 标记为 C 类叶结点;

4:end if

5:if $A=\varnothing$　*OR* D 中样本在 A 上取值相同 then

6:　　将 *note* 标记为叶结点,其类别标记为 D 中样本数最多的类;return

7:end if

8:从 A 中选择最优划分属性 a_*;

9:for a_* 的每一个值 a_*^V do

10:　　为 *note* 生成一个分支;令 D_V 表示 D 在 a_* 上取值为 a_*^V 的样本子集;

11:　　if D_V 为空 then

12:　　　将分支标记为叶结点;其类别标记为 D 中样本最多的类;return

13:　　else

14:　　　以 *TreeGenerate*$(D_V,A\backslash\{a_*\})$为分支结点

15:　　end if

16:end for

输出:以 *note* 为根节点的一棵决策树

从上述决策树学习基本算法可以看出,决策树学习的关键是如何选择最优分裂属性,即在某个节点处按照某种规则,选择某一个属性来分裂构造不同的分支。因此,分裂属性的选择是决策树生成的核心环节。一般而言,随着分裂过程不断进行,我们希望决策树的分支结点所包含的样本尽可能属于同一类别,即节点的"纯度"(purity)越来越高。基于这个目的,我们需要一种属性选择度量来判断哪个属性能将数据集进行最好的划分。常见的属性选择度量标准包括 ID3 算法的信息增益、C4.5 算法的增益率和 CART 决策树的基尼系数等。不同的度量标准会产生不同的分类效果,在多值属性的度量中有明显的体现。各种决策树生成算法之间的根本差异就是划分属性选择的不同。

3.1.1 ID3 算法

ID3 算法是决策树算法的典型代表,它是由 Quinlan[9] 提出的一种基于信息增益的决策树算法,绝大多数决策树算法都是在该算法的基础上改进并实现的。ID3

算法总是将所有属性中信息增益最大的属性作为当前节点的分裂属性。

信息熵(Information Entropy,IE)是度量样本集合纯度最常用的一种指标。通俗来说信息熵就是用来度量样本中包含信息量多少的,如果一个样本集的属性都是一样的,则样本包含的信息量就很少,信息熵就越低;相反地,如果样本集的属性都不一样,则包含的信息就很多,信息熵就越高。所以,目标变量的分歧越小,信息熵越低,纯度越高。

由于目标变量是一个随机离散事件,事件出现的可能性存在着不确定性,为了度量这种信息的不确定性,引入了信息熵的概念。假定给定属性所在集 D 中第 k 类样本所占的比例为 $p_k(k=1, 2, \cdots, |y|)$,则 D 的信息熵定义为:

$$Ent(D)=-\sum_{k=1}^{|y|} p_k \log_2 p_k. \tag{3-1}$$

计算信息熵时约定:若 $p=0$,则 $p\log_2 p=0$。所以当数据的不确定性越小时,$Ent(D)$ 的值越小,则 D 的纯度越高。

假定离散属性 a 有 V 个可能的取值 $\{a^1, a^2, \cdots, a^V\}$,若使用 a 来对样本集 D 进行划分,则会产生 V 个分支结点,其中第 V 个分支结点包含了 D 中所有在属性 a 上取值为 a^V 的样本,记为 D^V。根据式(3-1)计算出 D^V 的信息熵,再考虑到不同的分支节点包含的样本数不同,给分支节点赋予权重 $|D^V|/|D|$,即样本数越多的分支节点的影响越大,所以可计算出用属性 a 对样本集 D 进行划分所获得的信息增益(Information Gain,IG):

$$Gain(D,a)=Ent(D)-\sum_{V=1}^{V}\frac{|D^V|}{D}Ent(D^V). \tag{3-2}$$

一般而言,信息增益越大,则意味着使用属性 a 进行划分所获得"纯度提升"越大。因此,ID3 算法计算并比较每个属性的信息增益,选择信息增益最大的属性作为给定数据集 D 的分裂属性,被选取的属性生成一个节点,节点以该属性命名。再根据属性的每个值生成一个分支,通过这些分支将样本按照同样的原则进行划分,直至不能划分。将上述过程总结为 ID3 算法基本流程,如算法 3-2 所示。

ID3 算法可处理多种数据类型,是一种高效简单、易于理解和实现的算法,但是,有以下几个方面缺陷需要注意:

(1) ID3 没有考虑连续特征,比如长度、密度都是连续值,这限制了 ID3 的用途;

(2) ID3 采用信息增益大的特征优先建立树节点,在相同条件下,会偏向于选择取值较多的特征；

(3) ID3 算法对于缺失值的情况没有做考虑；

(4) 没有考虑过拟合的问题，即没有“剪枝”，对训练数据学习的过好，不利于推广到新数据就容易产生过度拟合的现象；

(5) 准确性较略于 CART 或 C4.5 算法。

算法 3 2：迭代二叉树三代算法

输入：训练数据集 D ，特征集 A ，阈值 ε

1：若 D 中所有实例属于同一个类 C_k ，则 T 为单节点树，将 C_k 作为该节点的类标记，返回 T ；

2：若 $A=\varnothing$ ，则 T 为单节点树，并将 D 中实例数最大的类 C_k 作为该节点的类标记，返回 T ；

3：否则，计算特征集 A 对数据集 D 的信息增益，选择信息增益最大的特征 A_g ；

4：如果 A_g 的信息增益小于阈值 ε，则 T 为单节点树，并将 D 中实例数最大的类 C_k 作为该节点的类标记，返回 T ；

5：否则，对 A_g 的每一可能值 a_i 依 $A_g=a_i$ 将 D 划分为若干非空子集，将 D_i 中实例数最大的类作为标记，构建子节点，由节点及其节点构成树 T ，返回 T ；

6：对第 i 个子节点，以 D_i 为训练集，以 $A-\{A_g\}$ 为特征集，递归调用 1～5，得到子树 T ，返回 T

输出：决策树 T

3.1.2 C4.5 算法

虽然 ID3 算法在部分实验中的分类效果良好，但该方法的信息增益准则偏向于具有更多可取值数目的属性，当每个分支节点仅包含一个样本时，这些分支节点的纯度已达到最大。然而，这时的决策树不再具有泛化能力，无法对新样本进行有效预测。因此，Quinlan 于 1993 年提出了 C4.5 算法，该算法主要针对上述问题对 ID3 算法进行改进和完善，使得能够处理连续型属性数据以及具有缺失属性值的训练数据，并且在构造树的过程中进行剪枝。是 ID3 算法的一种很好的优化和延伸方法。

1. 用信息增益率[10]作为划分属性

假定离散属性 a 有 V 个可能的取值$\{a^1,a^2,\cdots,a^V\}$，若使用 a 对样本集 D 进行划分，则会产生 V 个分支结点，其中 V 个分支结点包含了 D 中所有在属性 a 上取值为 a^V 的样本，记为 D^V 。若选择属性 a 作为划分属性，属性 a 的信息增益率定义为：

$$Gain_{ratio}(D,a)=\frac{Gain(D,a)}{IV(a)},\tag{3-3}$$

其中

$$IV(a)=-\sum_{V=1}^{V}\frac{|D^V|}{|D|}\log_2\frac{|D^V|}{|D|}.\tag{3-4}$$

称为属性 a 的“固有值”。通常，当属性 a 的可能取值数目增加时(即 V 越大)，则 $IV(a)$ 的值通常也随着增大。

增益率准则偏向于具有少量取值的属性，因此 C4.5 算法并不是直接选择增益率最大的候选划分属性，而是启发式地先从候选划分属性中找出高于平均信息增益水平的属性，再从中选取增益率最高的。

2. 可处理具有连续值的属性

由于连续属性的可取值数目不再有限，因此，不能直接根据连续属性的可取值来对节点进行划分。此时可采用连续属性离散化技术，对数据进行离散化处理，常用的最简单的策略是二分法。

给定样本集 D 和连续属性 a，假定 a 在 D 上出现了 n 个不同的取值，将这些值从小到大进行排序，记为 $\{a^1,a^2,\cdots,a^n\}$。基于划分 t 可将 D 分为子集 D_t^- 和 D_t^+，其中 D_t^- 包含那些在属性 a 上取值不大于 t 的样本，而 D_t^+ 则包含那些在属性 a 上取值大于 t 的样本。显然，对相邻的属性取值 a^i 与 a^{i+1} 来说，t 在区间 $[a^i,a^{i+1})$ 中任意取值所产生的划分结果相同。因此，对连续属性 a，可考察包含 $n-1$ 个元素的候选划分点集合：

$$T_a=\{\frac{a^i+a^{i+1}}{2}\mid 1\leq i\leq n-1\},\tag{3-5}$$

即把区间 $[a^i,a^{i+1})$ 的中位点 $\frac{a^i+a^{i+1}}{2}$ 作为候选划分点。然后，就可以像离散属性值一样来考察这些划分点，选取最优的划分点进行样本集合的划分。

3. 缺失值处理

现实任务中常会遇到不完整的样本，即样本的某些属性值缺失。不同于 ID3 算法，C4.5 算法可以处理样本中有缺失值的情况。针对缺失值的情况，可以分为三个子问题：

(1)在属性值缺失的情况下如何进行划分属性选择。C4.5 的做法是：对于具有缺失值特征，用没有缺失的样本子集所占比重来折算。

(2)给定划分属性，若该样本在该属性上的值缺失，如何对样本进行划分。

C4.5的做法是：将样本同时划分到所有子节点，不过要调整样本的权重值，其实也就是以不同的概率划分到不同节点中。

(3)在对新样本进行预测分类时，存在缺失值待测样本如何判断其类别。C4.5的做法是：计算所有分支中每个类别的概率，取概率最大的类别判定为该样本的类别。

4. 对决策树进行剪枝

决策树生成算法递归地生成决策树，理论上可以分类任何的训练数据，但对未知的测试数据分类很可能不准确，即过拟合，因此需要对决策树进行简化，去掉一些子树或叶节点，即剪枝。我们常用的剪枝方法有前剪枝和后剪枝，前者是在构造决策树的过程中进行剪枝操作，后者是把决策树完整构造出来之后再进行剪枝操作。C4.5算法采用计算每个节点的分类错误剪枝技术来解决决策树过拟合的问题，即剪去树中无法提高或降低预测准确率的分支。若决策树中存在这样的节点，它继续分裂产生的分类错误大于让它停止分裂生成叶子节点而产生的分类错误，则说明该节点不需要再继续向下分裂，因而可以将该节点下的子节点剪去。与ID3算法流程基本一致，只是在选择分裂属性时，C4.5算法选择的是信息增益率最大的属性作为分裂节点，而ID3算法选择的是信息增益最大的属性作为分裂节点。

C4.5算法继承了ID3的优点，并改进了ID3算法的几个主要问题，提高了计算结果的准确性，也为处理大型数据提供了不错的选择。但是C4.5的算法还是存在一定缺点：

(1) C4.5算法的剪枝策略可以再优化；

(2) C4.5算法用的是多叉树，用二叉树效率更高；

(3) C4.5算法只能用于分类；

(4) C4.5算法使用的熵模型拥有大量耗时的对数运算，连续值还有排序运算；

(5) C4.5算法在构造树的过程中，对数值属性值需要按照其大小进行排序，从中选择一个分割点，所以只适合于能够驻留于内存的数据集，当训练集大到无法在内存容纳时，程序无法运行；

(6) C4.5算法效率低，在构造树的过程中，需要对数据集进行多次的顺序扫描和排序；

(7) C4.5算法精度不够高，其预测精度还不能很好地达到用户的需求，所以商业上通常使用C5.0。

3.1.3 CART 算法

CART(Classification And Regression Tree)决策树算法由 Breiman[11]等人在1984 年提出,主要思想是通过递归的方式构建二叉树。CART 算法是一种分类回归树,对于其分类能力而言,整个算法过程与 ID3 和 C4.5 相似,不过与 ID3 和C4.5 不同的是,CART 使用基尼指数(Gini Index)来选择划分属性,基尼指数代表了模型的纯度。CART 决策树算法对分类和回归具有不同的构建方式,且遵循不同的准则,分别是基尼指数最小化准则和平方误差最小化准则。

算法 3-3:分类回归树算法

输入:训练集 D ,基尼指数阈值 ε_1,样本个数阈值 ε_2

CART 分类树算法从根节点开始,用训练集递归的方式建立 CART 树

1:对于当前节点的数据集 D ,如果样本个数小于阈值 ε_2 或者没有特征,则返回决策子树,对当前节点停止递归;

2:计算样本集 D 的基尼指数,如果基尼系数小于阈值 ε_1,返回决策子树,当前节点停止递归;

3:计算当前节点现有的各个特征的各个特征值对数据集 D 的基尼指数;

4:在计算出来的各个特征的各个特征值对数据集 D 的基尼系数中,选择基尼系数最小的特征 A 和对应的特征值 a 。根据这个最优特征和最优特征值,把数据集划分为两部分 D_1 和 D_2,同时建立当前节点的左右节点,左节点的数据集 D 为 D_1,右节点的数据集 D 为 D_2;

5:对左右的子节点递归调用 1 ~ 4 步骤,生成决策树 T ;

输出:决策树 T

---

1. CART 分类树

对于 CART 分类树,CART 决策树算法通过使用基尼指数来选择划分属性。基尼指数是用来衡量数据集纯度的指标,基尼指数越小,说明从数据集中随机抽取两个样本后显示类别不一致的概率越小,意味着数据集的纯度越高,这和 ID3 相同和 C4.5 相反。对于一个数据集 $D=\{x_1,x_2,\cdots,x_n\}$,若数据集 D 中 n 个值出现的概率分别为 $\{p_1,p_2,\cdots,p_n\}$,则 D 的基尼指数定义为:

$$Gini(D)=\sum_{i=1}^{n}p_i(1-p_i)=1-\sum_{i=1}^{n}p_i^2. \tag{3-6}$$

对于数据集 D ,属性 a 的取值为 $\{a_1,a_2,\cdots,a_V\}$,D^V 表示集合D 在属性a 上取值为 a_V 的样本集合,则属性 a 的基尼指数定义为:

$$Gini_{index}(D,a)=\sum_{V=1}^{V}\frac{|D^V|}{|D|}Gini(D^V). \tag{3-7}$$

2. CART 回归树

CART 回归树和 CART 分类树的本质区别在于二者的预测结果不同。分类树的样本预测结果是样本的类别，是一个离散值，而回归树的样本预测结果是一个连续的实数值。在构建 CART 回归树中，对于任意划分特征 a 对应的任意划分点 s，将数据集 D 划分成的数据集 D_1 和 D_2 两部分，根据平方误差最小化原则，要求划分后 D_1 和 D_2 两个集合的平方误差最小，D_1 和 D_2 的平方误差之和最小所对应的特征 a 和切分点 s 即为所求。最优划分特征的目标函数如下：

$$\min_{a,s}\left[\min_{c_1}\sum_{x_i\in D_1}(y_i-c_1)^2+\min_{c_2}\sum_{x_i\in D_2}(y_i-c_2)^2\right], \tag{3-8}$$

其中，c_1 为 D_1 的样本输出均值，c_2 为 D_2 的样本输出均值。

最终，CART 分类树的类别预测结果为当前节点中概率最大值对应的所属类别，CART 回归树的预测结果数值为叶子节点的均值或者中位数。

3. CART 剪枝

CART 算法中进行分类回归树划分，划分得过细时，会产生过拟合的现象，这个时候需要对其进行剪枝处理，处理方式同样有前剪枝和后剪枝两类。对分类回归树进行后剪枝的办法有很多，例如：最小误差剪枝、悲观误差剪枝、代价复杂性剪枝等，以下主要介绍代价复杂性剪枝方法。

CART 算法采用一种“基于代价复杂度的剪枝”方法进行后剪枝，这种方法会生成一系列树，每个树都是通过将前面的树的某些子树替换成一个叶节点而得到的，这一系列树中的最后一棵树仅含一个用来预测类别值的叶节点。然后用一种成本复杂度的度量准则来判断哪棵子树应该被一个预测类别值的叶节点所代替。这种方法需要使用一个单独的测试集来评估所有的树，根据它们在测试数据集上的分类性能选出最佳的树。

首先将最大树称为 T_0，人们希望减少树的大小来防止过拟合，但又担心去掉节点后预测误差会增大，所以定义了一个损失函数来达到这两个变量之间的平衡。损失函数定义为：

$$C_\alpha(T)=C(T)+\alpha|T|, \tag{3-9}$$

其中 T 为任意子树，$C(T)$ 为预测误差，$|T|$ 为子树 T 的叶子节点的个数，α 是参数，$C(T)$ 衡量数据的拟合程度，α 权衡拟合程度与树的复杂度。那么如何找到使复杂度和拟合度达到最好的合适的平衡点呢？最好的办法就是令 α 从 0 取到正无穷，对于每一个固定的都可以找到使得 $C_\alpha(T)$ 最小的最优子树 $T(\alpha)$。当 α 很

小时,T_0 是最优子树;当 α 最大时,单独的根节点是最优子树。随着 α 的增大,可以得到一个这样的子树序列:$T_0, T_1, \cdots, T_n$,这里的子树 T_{i+1} 的生成是根据前一个子树 T_i 剪掉某一个内部节点生成的。

Breiman[12] 证明:将 α 从小增大,$0=\alpha_0<\alpha_1<\cdots<\alpha_n<\infty$,在每个区间 $[\alpha_i, \alpha_{i+1})$ 中子树 T_i 是这个区间里最优的,这就是代价复杂度剪枝的核心思想。

ID3、C4.5 和 CART 算法都是"单变量决策树",即在做特征选择时,都是选取单一特征进行划分,而分类决策往往会由多个属性共同决定,样本发生改变,树结构也会随之改变。为解决上述问题,引入集成树。

3.2 集成树

集成学习(Ensemble Learning,EL)是一种应用广泛的机器学习方法,是通过构建并结合多个学习器来完成学习任务的。集成学习采用多个弱学习器组成一个强学习器,然后对数据进行预测,从而提高整体学习器的泛化能力。集成学习大致可分为三大类:用于减少方差的 Bagging、用于减少偏差的 Boosting 以及用于提升预测结果的 Stacking。Bagging 主要强调的是个体学习器间存在强依赖关系,串行生成的序列化集成学习方法;Boosting 是指一种个体学习器之间不存在强依赖关系、可并行的集成学习方法,它的每个基学习器的权重也是相等的;Stacking 主要是采用一种分层学习、层层递进的集成框架,通过学习的方式寻找合适的基学习器。本章将介绍本书中所涉及的几种集成学习的方法。

Bagging 即 Boostrap aggregating,是一种有放回的抽样方法,抽样策略是简单的随机抽样。即把多个基础模型放到一起,最后再求平均值即可,这里以决策树当作基础模型,公式如下:

$$f(x)=\frac{1}{M}\sum_{m=1}^{M} f_m(x). \tag{3-10}$$

首先对数据集进行随机采样,分别训练多个树模型,最终将其结果整合在一起即可,其中最具代表性的算法就是随机森林。

Boosting 是一簇可将弱学习器提升为强学习器的算法。其工作机制为:先从初始训练集训练出一个基学习器,再根据基学习器的表现对样本分布进行调整,使得先前的基学习器做错的训练样本在后续收到更多的关注,然后基于调整后的样本分布来训练下一个基学习器。如此重复进行,直至基学习器数目达到指定的值

T ,或整个集成结果达到退出条件,然后将这些学习器进行加权结合。

Stacking 是一种通过推导泛化器对于所研究的学习集的偏差的算法。其推导过程为:第一阶段为通过原始的分类器求出各自相应的分类结果,第二阶段再将第一阶段的结果作为输入进行训练,来尝试对剩余部分进行猜测。这样可以堆叠各种各样的分类器(KNN、SVM、RF 等),使得我们所研究的结果的准确率有所提高。此外,当与多个泛化器一起使用时,该泛化器可以利用比交叉验证更为复杂的策略组合各个泛化器,当与单个泛化器一起使用时,可以用来估计泛化器的错误并纠正。

3.2.1 随机森林

随机森林(Random Forest,RF)是 Bagging 的一个最具代表性算法,通常用于机器学习过程中的分类和回归问题。顾名思义,"森林"即为多棵决策树的组合;而"随机"有两层含义:一是样本随机采样,二是特征随机采样。随机森林通过自助采样法(Bootstrap Sampling),从原始的训练样本集中随机选取一个样本,记录后将其放回,以此方式不断地抽取若干个样本,最后将所有抽出的样本合并为新的训练样本集合。对于每棵树而言,训练集都是不同的,而且训练集中的训练样本可能存在部分是相同的。基于新的样本集训练出对应个数的分类树为基学习器,再将基学习器结合形成随机森林,图 3-2 是随机森林基本实现过程示意图。

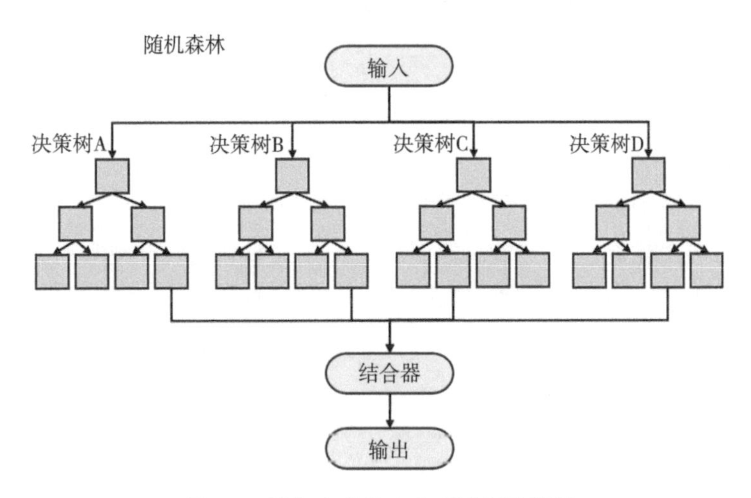

图 3-2　随机森林基本实现过程示意图

算法 3-4:随机森林算法

输入:样本集 $D=\{(x_1,y_1),(x_2,y_2),\cdots,(x_m,y_m)\}$,弱分类器迭代次数 T

1:对于 $t=1,2,3,\cdots,T$;

a)对训练集进行第 t 次采样,共采集 m 次,得到包含 m 个样本的采样集 D_t

b)用采样集 D_t 训练第 t 个决策树模型 $G_t(x)$,在训练决策树模型的节点的时候,在节点上所有的样本特征中选择一部分样本特征,在这些随机选择的部分样本特征中选择一个最优的特征来做决策树的左右子树划分(注意:要为每个节点随机选出 m 个特征,然后选择最好的那个特征来分裂。决策树中分裂属性的两个选择度量:信息增益和基尼指数);

c)每棵树都一直这样分裂下去,直到该节点的所有训练样例都属于同一类,不需要剪枝。由于之前的两个随机采样的过程保证了随机性,所以就算不剪枝,也不会出现过拟合;

d)重复以上步骤 T 次,即建立了 T 棵决策树;

2:如果是分类算法预测,则 T 个弱学习器投出最多票数的类别或者类别之一为最终类别。如果是回归算法,T 个弱学习器得到的回归结果进行算术平均得到的值为最终的模型输出;

输出:最终的强分类器 $f(x)$

随机森林在以决策树为基学习器构建 Bagging 集成的基础上,进一步对 Bagging 集成算法[13]进行了改进。首先,随机森林使用了 CART 决策树作为弱学习器,其次在使用决策树的基础上,对决策树的建立做了改进。随机森林使用的弱学习器为决策树,各个决策树之间没有依赖关系,可以并行生成。普通的决策树在节点上所有的 n 个样本特征中选择一个最优的来进行决策树的分割,而随机森林则是选择节点上的一部分特征(特征个数小于 n ,选择的特征个数越少,则模型越为健壮)。最后在随机选择的部分特征中选择一个最优的特征来进行树的分割(双层选择),这样可以进一步增强模型的泛化能力。随机森林算法的具体流程如算法 3-4 所示。

随机森林模型的优点之一就是其基本不需要调参,影响随机森林模型性能的因素主要有三种,首先是决策树的个数:因为存在随机因素,所以决策树的个数越多预测结果越稳定,因此在允许范围之内,决策树的数目越大越好。其次是递归次数(即决策树的深度):一般来说,数据少或者特征少的时候可以不必限制此值的大小,如果模型样本量多,特征也多的情况下,则需要在一定程度上限制这个最大深度,具体的取值取决于数据的分布,深度越小,计算量越小,速度越快。最后是特征属性的个数:减小特征属性的个数不仅会提升算法速度,也有可能降低测试误差;通常使用的值可以是全部特征值个数的开方,或者取其对数值,也可以逐一尝试特征属性个数的值，直到找到比较理想的数字。

随机森林算法评价：

(1) 支持并行处理，在分类和回归上都表现良好；

(2) 对高维数据的处理能力强，可以处理成千上万的输入变量，是一个很好的降维方法，并且由于特征子集是随机选择的，所以在处理数据时可以不用做特征选择；

(3) 在创建模型时，对泛化错误使用的是无偏估计，模型较稳定，泛化能力强；

(4) 能够输出特征的重要程度，不需要对特征进行标准化处理；

(5) 经过训练，能够给出相对重要的特征，并可以检测到特征间的相互影响；

(6) 使用 Out of Bag，不需要单独划分测试集；

(7) 有效地处理缺失值，维持数据的准确度；

(8) 由于由多个基模型组合而成，模型不易解释；树较多时，训练时间比较久；

(9) 对于小样本及特征较少的数据，可能不能产生很好的分类结果。

3.2.2 梯度提升树

随机森林实质上是利用 Bootstrap 抽样技术生成多个数据集，然后通过这些数据集构造多棵决策树，进而运用投票或者平均的思想实现分类和预测问题的解决，但是随机性会导致树与树之间并没有太多的相关性，往往会导致随机森林算法在拟合效果上遇到瓶颈。为了解决随机森林中这个问题，Friedman 提出"提升"概念，也就是通过改变样本点的权值和各个弱分类器的权重，并将这些弱分类器完成组合、实现预测准确性的突破；为了使提升算法在求解损失函数的时候更加容易求解和方便，Friedman 提出了梯度提升树算法 GBDT(Gradient Boosting Decision Tree)。梯度提升树算法原理如图 3-3 所示。

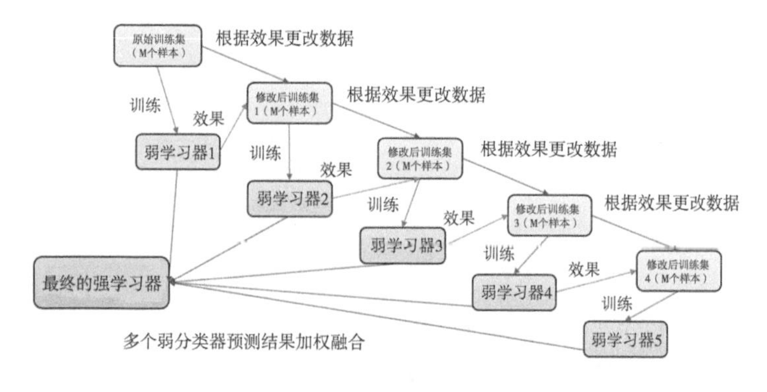

图 3-3 梯度提升树算法原理

GBDT 是一种性能较好的 Boosting 模型[14]，其基于 CART 分类回归树并借鉴了梯度这一重要概念，采用多个 CART 回归树模型集成的策略，针对残差进行拟合，进而降低模型的偏差和方差。它的整体思想就是串行组合多个弱分类器进行计算，并在进行每个分类器生成时进行梯度计算拟合当前弱学习器，进而让前向迭代往梯度方向最快下降，故它在被提出之初就被认为是泛化能力较强的算法。

算法 3-5：梯度提升算法

输入：训练数据集 $D=\{(x_i,y_i);i=1,2,\cdots,N\}$，$x_i\in R^d$

1：初始化弱学习器

$$f_0(x)=\text{argmin}_c\sum_{i=1}^{N}L(y_i,c).$$

2：对 $m=1,2,\cdots,M$ 有：

a)对每个样本 $i=1,2,\cdots,N$ 计算负梯度，即残差：

$$r_{im}=-\left[\frac{\partial L(y_i,f(x_i))}{\partial f(x_i)}\right]_{f(x)=f_{m-1}(x)}.$$

b)将上一步得到的残差作为样本新的真实值，并将数据 (x_i,r_{im})，$i=1,2,\cdots,N$ 作为下棵树的训练数据，得到一棵新的回归树 $f_m(x)$，其对应的叶子节点区域为 R_{jm}，$j=1,2,\cdots,J$，其中 J 为回归树叶子节点的个数。

c)对叶子区域 $j=1,2,\cdots,J$ 计算最佳拟合值：

$$T_{jm}=argmin_T\sum_{x_i\in R_{jm}}L(y_i,f_{m-1}(x_i)+T).$$

d)更新学习器：

$$f_m(x)=f_{m-1}(x)+\sum_{j=1}^{J}T_{jm}I(x\in R_{jm}).$$

3：得到最终学习器：

$$f(x)=f_M(x)=f_0(x)+\sum_{m=1}^{M}\sum_{j=1}^{L}T_{jm}I(x\in R_{jm}).$$

输出：预测值 $f(x)$

GBDT 中的树是回归树（不是分类树），区别于分类树的特点在于能够对事物的好坏程度进行评分，当然，GBDT 不仅可以用来做回归预测，调整后也可以用于分类。且 GBDT 模型对数据类型不做任何限制，既可以是连续的数值型，也可以是离散的字符型。GBDT 模型有较少的参数以及更高准确率和更少运算时间，在面对异常数据时具有更强的稳定性。具体算法流程如算法 3-5 所示。

GBDT 算法模型评价：

(1) 能灵活处理各种类型的数据,包括连续值和离散值;

(2) 相对于 SVM,在较少的调参时间情况下,预测准确率也会较高;

(3) 用一些稳定的损失函数,可以达到对异常值的鲁棒性非常强的效果;

(4) 串行学习的特点,致使其难以并行训练。不过可以通过自采样的 SGBT (Stochastic Gradient Boosting Tree)来达到部分并行。

3.2.3 XGBoost

XGBoost(eXtreme Gradient Boosting)极致梯度提升,是 2016 年在华盛顿大学陈天奇老师带领下提出的一种高效的梯度提升决策树算法[15]。他在原有的 GBDT 基础上进行了改进,使得模型效果得到大大提升。作为一种前向加法模型,他的核心是采用集成思想——Boosting 思想,将多个弱学习器通过一定的方法整合为一个强学习器。即用多棵树共同决策,并且每棵树的结果都是目标值与之前所有树的预测结果之差,最后将所有的结果累加即得到最终的结果,以此达到整个模型效果的提升。

XGBoost 从严格意义上讲不是一种模型,而是一个可供用户轻松解决分类、回归或排序问题的软件包。旨在灵活、高效且可移植。它内部实现了梯度提升树(GBDT)模型,并对模型中的算法进行了诸多优化,在取得高精度的同时又保持了极快的速度,可以有效地应用于分类和回归问题。GBDT 算法只利用了一阶的导数信息,XGBoost 对损失函数做了二阶的泰勒展开,并在目标函数之外加入了正则项对整体求最优解,用以权衡目标函数的下降和模型的复杂程度,避免过拟合。所以不考虑细节方面,两者最大的不同就是目标函数的定义,接下来就着重从 XGBoost 的目标函数定义上来进行介绍。

GBDT 的算法目标是优化损失函数 $L(\varphi)=\sum l(\hat{y}_i, y_i)$,使用前向分布算法,一般通过贪心算法寻找局部最优解,其思想是迭代生成多个弱模型,然后将每个弱模型的预测结果加起来。后一种模型 $f_t(x)$ 是基于前一个学习模型 $f_{t-1}(x)$ 的效果生成的,如式(3-11)所示:

$$\hat{y}_i = \sum_{k=1}^{K} f_k(x_i) = \hat{y}_i^{(t-1)} + f_t(x_i). \tag{3-11}$$

XGBoost 在 GBDT 目标函数中添加了一个正则化项。当基础学习器为 CART 树时,正则化项与树 T 的叶节点的数量和叶节点的值有关。XGBoost 目标函数由损失函数项和正则化项两部分组成,第一部分是传统 GBDT 的损失函数,用于测量训练生成的模型的预测结果与真实值的吻合度,差异在第二部分正则化项,XGBoost 显式地将模型的复杂度作为目标函数的一部分。

$$L(\varphi)=\sum l(y_i,\hat{y}_i)+\sum_k \Omega(f_k), \tag{3-12}$$

$$\Omega(f)=\gamma T+\frac{1}{2}\lambda \| W \|^2. \tag{3-13}$$

每一次迭代都寻找使损失函数降低最大的 f(CART 树),因此目标函数可改写为:

$$Obj(\Theta)=\sum_{i=1}^{N} l(y_i,\hat{y}_i)+\Omega(f_t)=\sum_{i=1}^{N} l(y_i,\hat{y}_i^{(t-1)}+f_t(x_i))+\Omega(f_t). \tag{3-14}$$

接下来采用泰勒展开对目标参数进行近似,并移除对第 t 轮迭代来说的常数项得到:

$$Obj^{(t)}=\sum_{i=1}^{N}\left(g_i f_t(x_i)+\frac{1}{2}h_i f_t^2(x_i)\right)+\Omega(f_t), \tag{3-15}$$

其中 $g_i=\dfrac{\partial l(y_i,\hat{y}_i^{t-1})}{\partial \hat{y}_i^{t-1}}, g_i=\dfrac{\partial^2 l(y_i,\hat{y}_i^{t-1})}{\partial^2 \hat{y}_i^{t-1}}$.

XGBoost 中用正则项来衡量树的复杂度,正则化项已包含了两个部分,树的叶子节点个数 T 和每棵树的叶子节点输出分数 W 的平方和。一部分用于控制树叶子节点的个数,另一部分用于控制叶子节点上的分数不会过大,防止过拟合。其中 γT 表示叶子节点的个数,$\frac{1}{2}\lambda \| W \|^2$ 表示叶子节点的分数(权重)。λ 可以控制叶子节点的个数,λ 可以控制叶子节点的分数不会过大,防止过拟合,故正则项的表达式为 $\Omega(f)=\gamma T+\frac{1}{2}\lambda \| W \|^2$,因此目标函数可改写为:

$$Obj^{(t)}=\sum_{i=1}^{N}\left(g_i f_t(x_i)+\frac{1}{2}h_i f_t^2(x_i)\right)+\gamma T+\frac{1}{2}\lambda \| W \|^2. \tag{3-16}$$

定义每个叶子节点 j 上的样本集合为:$I_j=\{i \mid q(x_i)=j\}$ 则目标函数可以改写为:$Obj^{(t)}=\sum_{i=1}^{N}\left[G_j w_j+\frac{1}{2}(H_j+\lambda)w_j^2\right]+\gamma T$,其中 $G_j=\sum_{i\in I_j} g_i$,$H_j=\sum_{i\in I_j} h_i$。然后对目标函数进行优化:计算第 t 轮时使目标函数最小的叶节点的输出分数 w,直接对 w 求导,使得导数为 0,可得到,$w_j=-\dfrac{G_j}{H_j+\lambda}$,将叶节点的最优值带入目标函数,最终目标函数的形式为:

$$Obj^{(t)} = -\frac{1}{2}\sum_{i=1}^{N}\left(\frac{G_j}{H_j+\lambda}\right)+\gamma T. \tag{3-17}$$

至此,XGBoost 算法的树模型训练过程就结束了,图 3-4 是整个 XGBoost 算法目标函数的推导过程。

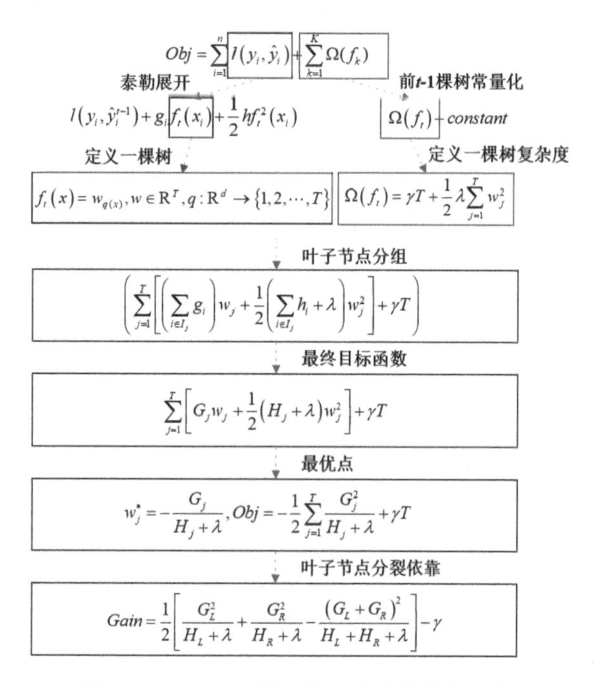

图 3-4 XGBoost 算法目标函数的推导过程

XGBoost 模型评价:

(1) 简单易用:相对于其他机器学习库,用户可以轻松使用 XGBoost 并获得相当不错的效果;

(2) 高效可扩展:在处理大规模数据集时速度快效果好,对内存等硬件资源要求不高;

(3) 鲁棒性强:相对于深度学习模型不需要精细调参便能取得接近的效果;

(4) XGBoost 内部实现提升树模型,可以自动处理缺失值;

(5) 精度更高:相对于 GBDT,XGBoost 的损失函数用到了二阶泰勒展开,使得精度更高;

(6) 由于加入了正则项,降低了模型的方差,有助于防止过拟合现象;

(7) 相对于深度学习模型无法对时空位置建模,不能很好地捕获图像、语音、文本等高维数据;

(8) 在拥有海量训练数据，并能找到合适的深度学习模型时，深度学习的精度可以遥遥领先 XGBoost。

3.2.4 CatBoost

CatBoost 是俄罗斯的搜索巨头 Yandex 在 2017 年开源的机器学习库，是 Boosting 族算法的一种。CatBoost 和 XGBoost、LightGBM 并称为 GBDT 的三大主流神器，都是在 GBDT 算法框架下的一种改进实现。CatBoost 被广泛地应用于工业界，号称是比 XGBoost 和 LightGBM 在算法准确率等方面表现更为优秀的算法。

CatBoost 是一种基于对称决策树(Oblivious Trees)为基学习器实现的参数较少、支持类别型变量和高准确性的 GBDT 框架，构建对称决策树，是在每一步中叶子节点在相同的条件下进行分类，通过与上层分类特征进行组合，选出分类损失最小的特征分割，并将其应用到所有级别的节点。CatBoost 主要解决的问题是高效合理地处理类别型特征，这一点从它的名字中可以看出来，CatBoost 是由 Categorical 和 Boosting 组成。此外，CatBoost 还解决了梯度偏差(Gradient Bias)以及预测偏移(Prediction Shift)的问题，从而减少过拟合的发生，进而提高算法的准确性和泛化能力。CatBoost 基于对称决策树的分裂如图 3-5 所示。

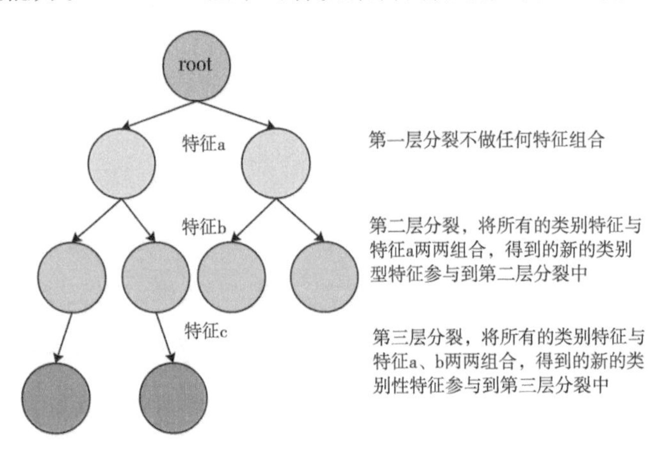

图 3-5　CatBoost 基于对称决策树分裂示意图

1. 对类别型特征进行 Ordered TS 编码

CatBoost 算法的设计初衷是为了更好地处理 GBDT 特征中的类别特征。所谓类别型特征，即这类特征不是数值型特征，而是离散的集合。在梯度提升算法中，最常用的是将这些类别型特征转为数值型来处理，一般类别型特征会转化为一个或多个数值型特征。对于基数比较低的类别型特征(Low-Cardinality

Features)，即该特征的所有值去重新构成的集合元素个数比较少，一般利用 One-hot 编码方法将特征转为数值型。对于高基数类别型特征（High Cardinality Features)，这种编码方式会产生大量新的特征，造成维度灾难，而 CatBoost 嵌入了自动将类别型特征处理为数值型特征的创新算法。首先对 categorical features 做一些统计，计算某个类别特征（Category）出现的频率，之后加上超参数，生成新的数值型特征（Numcrical Features）。还使用了组合类别特征，可以利用特征之间的联系，这极大地降低了工作运算量和复杂度，提高了工作效率。

在处理 GBDT 特征中的 Categorical Features 时，最简单的方法是用 Categorical Feature 对应的标签的平均值来替换。在决策树中，标签平均值将作为节点分裂的标准。这种方法被称为 Greedy Target-based Statistics，简称 Greedy TS，用公式来表达就是：

$$\hat{X}_k^i = \frac{\sum_{j=1}^{n} [X_{j,k} = X_{i,k}] * Y_i}{\sum_{j=1}^{n} [X_{j,k} = X_{i,k}]}. \tag{3-18}$$

但是这种方法有一个显而易见的缺陷，就是通常特征比标签包含更多的信息，如果强行用标签的平均值来表示特征的话，当训练数据集和测试数据集数据结构和分布不一样的时候会出现条件偏移问题。CatBoost 给出了一种创新的 Target Statistics 方式，即 Ordered Target Statistics。通过添加先验分布项，有效减少噪声和低频率类别型数据对于数据分布的影响：

$$\hat{X}_k^i = \frac{\sum_{j=1}^{p-1} [X_{\sigma_{j,k}} = X_{\sigma_{p,k}}] * Y_{\sigma_j} + \alpha * p}{\sum_{j=1}^{p-1} [X_{\sigma_{j,k}} = X_{\sigma_{p,k}}] + \alpha}, \tag{3-19}$$

其中 p 是添加的先验项，α 通常是大于 0 的权重系数。添加先验项是一个普遍做法，针对类别数较少的特征，它可以减少噪声数据。对于回归问题，一般情况下，先验项可取数据集 label 的均值。对于二分类，先验项是正例的先验概率。利用多个数据集排列也是有效的，但是，如果直接计算可能会导致过拟合。CatBoost 利用了一个比较新颖的计算叶子节点值的方法，这种方式（Oblivious Trees，对称树）可以避免多个数据集排列中直接计算会出现过拟合得问题。

2. 避免预测偏移的 Ordered Boosting 方法

在使用 XGBoost 模型时，经常会发现模型在训练集上拟合的很好，但是在验证集上却差了一些。这当然有可能是因为模型过于复杂导致的过拟合，但也可能是 XGBoost 自身算法的缺陷造成的，即预测偏移。CatBoost 的作者先将样本随机打乱，然后每个样本只使用排序在它前面的样本来训练模型（针对每一个随机排列，计算得到其梯度，为了与 Ordered TS 保持一致，这里的排列与用于计算 Ordered TS 时的排列相同）。用这样的模型来估计这个样本预测结果的一阶和二阶梯度。然后用这些梯度构建一棵树的结构，最终树的每个叶子节点的取值，是使用全体样本进行计算的。这就是 Ordered Boosting 的主要思想。可以有效地减少梯度估计的误差，缓解预测偏移。但是会增加较多的计算量，影响训练速度。Ordered boosting 的算法流程如算法 3-6 所示。

3. 基于贪心策略的特征交叉方法

类别型特征交叉也是特征工程中一个重要的步骤，例如颜色和种类组合起来，可以构成类似于 blue dog 这样的特征。使用 Ordered Target Statistics 方法将类别特征转化成为数值特征以后，会影响到特征交叉，因为数值特征无法有效地进行交叉。为了有效地利用特征交叉，CatBoost 在将类别特征转换为数值编码的同时，会自动生成交叉特征。CatBoost 使用一种贪心的策略来进行特征交叉。生成树的第一次分裂，CatBoost 不使用任何交叉特征。在后面的分裂中，CatBoost 会使用生成树所用到的全部原始特征和交叉特征数据集中的全部类别特征进行交叉。在定义 CatBoost 模型时，我们可以用“max_ctr_complexity”来控制允许的特征交叉的最大特征数量，如果设置为 3，那么生成树时所用到的交叉特征最多只会来自 3 个特征的交叉。

算法 3-6：排序提升算法

输入：$\{(x_k, y_k)\}_{k=1}^{n}, I$；

1：σ 记为 $[1,n]$ 的随机排列；

2：对于每个样本 i，在迭代的每一轮中，都会将其对应的权重初始化 M_i 为 0。其中，i 表示样本的索引，L 表示总样本数，n 表示迭代轮数；

对 t 从 1 到 I 进行迭代；

对 i 从 1 到 n 进行迭代；

计算 y_i 和 $M_{\sigma(i)-1}(x_i)$ 之间的差值赋值给 r_i；

对 i 从 1 到 n 进行迭代；

3：建立学习模型，x_j、r_j 分别表示特征向量和预测排名，$\sigma(j)$ 表示样本 j 真实排名，若预测排名 r_j 小于等于真实排名 $\sigma(j)$，ΔM 样本权重增加；

$M_i \leftarrow M_i + \Delta M$；

输出：M_n

综上所述，CatBoost 通过给数据随机排序，人为引入了数据的时间顺序，在 Target Statistics 和 Boosting 时，只根据“历史”数据进行计算，解决了预测偏移的问题。从而使预测结果更加精准。并且 CatBoost 的基模型为对称二叉树，减小过拟合的同时预测速度极快，在模型部署后，可以更快地响应，在日常工作场景中也非常有用。

CatBoost 模型评价：

(1) 性能卓越：在性能方面可以匹敌任何先进的机器学习算法；

(2) 鲁棒性：有效减少了很多超参数调优的需求，降低了过拟合的机会，使得模型变得更加具有通用性，可以处理类别型、数值型特征；

(3) 易于使用：提供与 scikit 集成的 Python 接口，以及 R 和命令行界面；

(4) 可扩展：支持自定义损失函数；

(5) 模型的预测结果会受到不同随机数设定的影响；

(6) 针对类别型特征的处理需要更多的内存和时间。

3.2.5 LightGBM

在 LightGBM 提出之前，最有名的 GBDT 工具就是 XGBoost 了，它是基于预排序方法的决策树算法。这样的预排序算法的优点是能精确地找到分裂点。但是缺点也很明显：首先，空间消耗大。这样的算法需要保存数据的特征值，还保存了特征排序的结果(例如：为了后续快速地计算分割点，保存了排序后的索引)，这就需要消耗训练数据两倍的内存。其次，时间上也有较大的开销，在遍历每一个分裂点的时候，都需要进行信息增益的计算，时间消耗的代价大。

为了避免 XGBoost 的上述问题，研究人员提出了 LightGBM。在原有的基础上提出：通过直方图算法对 XGBoost 分裂点寻找问题进行优化，带深度限制的 leaf-wise 叶子生长策略提升计算的精度，基于梯度的单边采样(Gradient-based One-Side Sampling，GOSS)针对梯度较大样本有效进行样本减少(行优化)，独占特征捆绑(Exclusive Feature Bundling，EFB)降低在稀疏数据下互斥的特征数，以上都对算法性能的提升有着重要的贡献。同时还支持类别特征数据的处理以及高效并行处理(列优化)。

1. 直方图算法

直方图算法通过将原始数据进行分桶 # bin 划分处理后，对划分后的数据进行遍历得到最优分割点。此外直方图的划分有两层含义，一层是对样本数量的划分，另外一层是对样本梯度和的划分。图 3-6 为直方图算法形成直方图的过程。

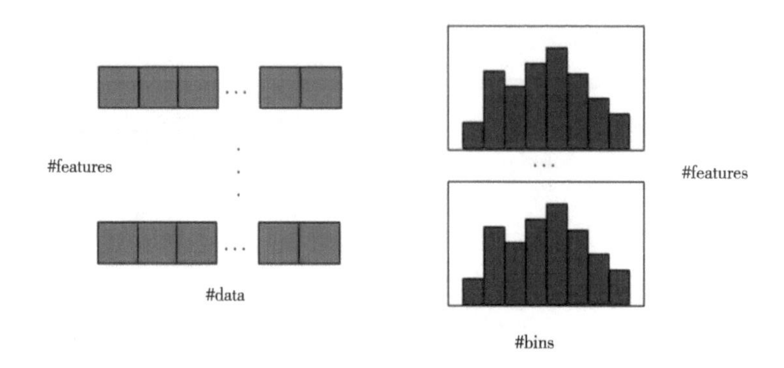

图 3-6　直方图算法形成直方图过程

此外,直方图算法中还有一种直方图做差优化。在 LightGBM 采用非零特征构建一个叶子节点之后,通过将父节点直方图与其中一个叶子节点的直方图做差,我们可以得到另外一个叶子节点的直方图。将上述内容进行综合,我们可以得到直方图算法的完整算法流程,如算法 3-7 所示。

算法 3-7:基于直方图算法

输入:I:训练集,d:最大深度,m:特征维度;

1:当前层的树节点初始化记为节点集;

2:树节点的数据索引{0,1,2,…}记为行节点集;

3:对 i 从 1 到 d 进行迭代;

对于节点集中的节点:将节点 $node$ 对应的行集合 $rowSet$ 赋值给变量 $usedRows$;对 k 从 1 到 m 进行迭代;

4:建立直方图:将新直方图赋予 H;对 k 从 1 到 m 进行迭代;

5:对于 $usedRows$ 中的 j 进行如下操作:将数据项 I 的第 k 个特征的第 j 个样本的 bin 属性值赋值给变量 bin,bin 代表直方图中的一个箱子或区间;将直方图中第 bin 个箱子的累计 y(频数)值加上数据项 I 中第 j 个样本的 y 属性值,这样做的目的是更新直方图中该箱子的频数;将直方图中第 bin 个箱子的累计 n(样本数)值加 1,这样做的目的是更新直方图中该箱子的样本数;

6:找到直方图 H 上的最佳分割;

……

7:根据最佳分割点更新数据行集和节点集;

……

输出

---

2. leaf-wise 树生长策略

XGBoost 在使用 leaf-wise 树生长策略的时候，其所有节点全部进行分裂，从而导致工作量增加，LightGBM 通过带深度限制的 leaf-wise 叶子生长策略，只将信息增益最大的叶子节点进行分裂，按照这个过程持续下去直到分类纯度达到阈值位置。这样的好处是在一定程度上提升精度、计算速度以及可以避免过拟合的情况发生，图 3-7 为 XGBoost 和 LightGBM 的 leaf-wise 树生长图示对比。

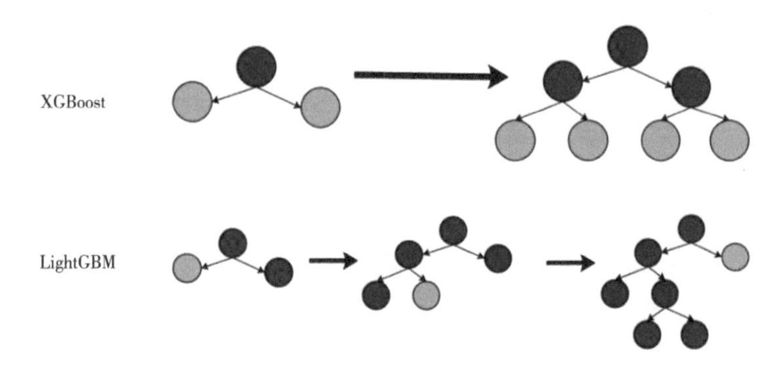

图 3-7　XGBoost **和** LightGBM **的** leaf-wise **树生长对比图**

3. 梯度的单边采样(GOSS)

GOSS 保留所有具有大梯度的实例，并对具有小梯度的实例执行随机抽样。为了补偿对数据分布的影响，在计算信息增益时，GOSS 为具有小梯度的数据实例引入了一个常数乘子。具体来说，GOSS 首先根据数据实例的梯度绝对值对其进行排序，并选择排名前 $a\times100\%$ 的实例，然后它从其余的数据中随机抽样 $b\times100\%$ 的实例。之后，GOSS 在计算信息增益时，将采样的小梯度数据放大 $(1-a)/b$ 常数。通过这样做，我们将更多的注意力放在训练不足的实例上，而不改变原始数据的分布。正是单边梯度采样减少了数据量，让直方图算法发挥了更大的作用。单边梯度采样具体算法见算法 3-8：

算法 3-8:单边梯度采样

输入:训练数据,将迭代步数设为 d,设定大梯度数据采样率为 a,小梯度数据采样率为 b,以决策树作为学习器;

1:根据样本点梯度的绝对值进行降序排列;

2:排序后选取前 $a*100\%$的样本,生成大梯度样本点的子集;对于其余$(1-a)*100\%$的样本点,随机选 $b*(1-a)*100\%$个样本点,生成小梯度样本点集合;

3:将大梯度的样本和采样的小梯度样本合并,再将小梯度样本乘上权重系数$(1-a)/b$;

4:使用上述采样的样本,学习新的学习器;

5:重复上述步骤,直到收敛或指定迭代次数.

输出:训练好的强学习器

4. 独占特征捆绑(EFB)

为了确定哪些特征应该捆绑在一起,EFB 首先构造一个带权边的图,权值对应特征之间的总冲突;其次,按照特征在图中的降序程度对其进行排序;最后,检查有序列表中的每个特性,或者将其分配给一个存在小冲突的 bundle(由 γ 控制),或者创建一个新的 bundle。算法 3-9 的时间复杂度为 $O(n^2)$,n 为特征数量。训练前仅处理一次。当特征的数量不是很大时,这种复杂性是可以接受的,但如果有数百万个特征的时候,这种复杂性可能仍然会受到影响。

算法 3-9:贪婪捆绑

输入:F:特征,K:最大冲突数

构造图 G

1:建立一个图 G,图上每个点代表特征,每个边有权重,其权重和特征之间总体冲突相关;

2:按照降序排列图中的度数来将特征进行排序;

3:检查排序之后的每个特征,对其进行特征绑定或建立新的绑定使得操作之后的总体冲突最小

输出:捆绑结果

为了确定这些特征是如何捆绑的,需要一种很好的方法将特征合并到同一个 bundle 中,以降低相应的训练时间上的复杂度。关键是要确保原始特征的值可以从特性包中识别出来。由于基于直方图的算法存储的是离散而不是连续的特征值,可以通过让独占的特征驻留在不同的容器中来构建特征束,这可以通过向特征的原始值添加偏移量来实现,见算法 3-10 所示。

算法 3-10:合并特征

输入: *numberDate*:数据量,*F*:独占的特征

1:初始化列表 *binRanges* ,用于储存每个特征的范围;初始化 *totalBin* ,用于储存所有特征的范围;

2:遍历所有特征,将特征进行偏移;

将 *totalBin* 添加到 *binRanges* 的末尾;

3:创建一个新的名为 *newBin* 的列表,长度与 *numData* 相同,并将所有元素初始化为 *False* ;

4:对于每个数据项的索引 *i* ,执行以下操作:

将 *newBin* 的第 *i* 个元素设置为 0;

5:对于每个特征的索引 *j* ,执行以下操作:

如果特征 *F* 的第 *j* 个 *bin* 的第 *i* 个元素不等于 0,执行以下操作:

将 *newBin* 的第 *i* 个元素更新为 *F* 的第 *j* 个 *bin* 的第 *i* 个元素与 *binRanges* 的第 *j* 个元素之和;

输出:*newBin*、*binRanges*

通过上述的解决方法,EFB 算法可以将大量的排他特征捆绑到数量少得多的密集特征上,有效地避免了对零特征值进行不必要的计算。

此外,LightGBM 还引入了支持类别特征和高效并行处理优化等内容,内存等硬件资源要求不高,以及无须对缺失值、类型特征进行数据预处理。

LightGBM 模型评价:

(1) 极大程度降低了模型的时间复杂度、减少了大量不必要计算量;

(2) 在数据量较大时还可以采用并行策略;

(3) 对缓存进行了优化,增加了缓存命中率,减小缓存占用空间;

(4) 可能会长出较深的决策树,产生过拟合现象;

(5) 随着复杂度不断增加,模型的偏差会不断降低;

(6) 寻找最优解时,没有考虑全部特征这一综合理念。

3.3 本章小结

本章主要介绍了树模型的一系列算法,包括决策树、集成学习中基于 Bagging 和 Stacking 的随机森林算法和基于 Boosting 的 GBDT、XGBoost、CatBoost 以及 LightGBM 算法。

4 基于分布式随机森林的有机合成预测

本章将基于第 2 章筛选得到的全面而简洁的特征描述符数据，利用分位数回归森林得到 Buchwald-Hartwig 偶联反应在不同分位点下化学产率的预测区间，结合核密度估计的方法进行概率密度曲线拟合，从而获得最终的概率密度曲线，从另一个角度对化学反应的产率进行预测与分析。此外，根据分位数回归森林得到的预测区间，还可以得到数据中的离群点，这也能为研究人员提供更有效决策信息。

4.1 基于概率密度估计的产率分析模型

Meinshausen 提出了一种名为分位数回归森林(Quantile Regression Forests，QRF)的区间估计方法[16]，该方法保留了随机森林中叶子节点的所有观测结果，而不仅仅是平均值。基于此，概率密度估计可以为样本的所有观测值提供完整的概率密度曲线，可视化观测值与其概率之间的关系，为研究人员提供更有效的信息。概率密度估计中常用的估计连续随机变量概率密度函数的非参数方法为核密度估计，它能够有效地平滑或插值随机变量结果范围内的概率，使得概率和为 1。

核密度估计(Kernel Density Estimation，KDE)[17]，也被称为 Parzen 窗口。它是对未知密度函数的一个非常有效的非参数估计器。假设 $x_i(i=1,2,\cdots,N)$ 为随机变量 x 的样本，$f(x)$ 为随机变量的概率密度函数，则将给定 x 点上的核密度估计表示为：

$$\hat{f}(x)=\frac{1}{Nh}\sum_{i=1}^{N}K(\frac{x-x_i}{h}), \tag{4-1}$$

其中，h 是带宽，N 是样本的大小，$K(\cdot)$是核函数。

常用的核函数有：均匀核、Epanechnikov 核、高斯核等。Epanechnikov 核在均方误差意义下为最优，效率损失也很小，因此本章选用的核函数为 Epanechnikov 核函数，其表达式为：

$$K(u)=\frac{3}{4}(1-u^2)I(|u|\leq 1),\tag{4-2}$$

其中 $I(\cdot)$ 为示性函数。

相较于核函数,带宽对概率密度函数的影响更大。当带宽 h 较小时,核密度估计曲线不光滑,呈现出原始概率密度函数没有的多峰特征;当带宽 h 较大时,核密度估计曲线光滑,但容易掩盖细节。用积分均方误差(Mean Integrated Squared Error,MISE)的大小可以来衡量 h 的优劣,MISE 最小时取得最优带宽,公式为:

$$\text{MISE}(h)=E\int(\hat{f}(x)-f(x))^2\mathrm{d}x.\tag{4-3}$$

4.2 分位数回归森林概率密度预测模型

算法 4-1:分位数回归森林概率密度预测算法

输入:特征描述符数据 $X=[X_1,X_2,\cdots,X_m]^T=[X_M,X_A,X_V]$.

其中,m:样本数,N:特征描述符的数量;X_M:分子描述符数据;X_A:原子描述符数据;X_V:振动描述符数据。$X_i=[x_{i1},x_{i2},\cdots,x_{im}]$,$(i=1,2,\cdots,n)$,产率:$Y=[y_1,y_2,\cdots,y_m]^T$。

基于重要性和相关性的特征描述符选择

1:分别计算 X_M、X_A、X_V 的 BW 分数并对其排序,根据不同的 BW 分数的阈值分别进行实验从而选取合适的描述符数据最后得到 X_M、X_A、X_V。

2:基于(1)初步筛选得到的描述符数据和产率 Y,进一步通过 LASSO 算法消除数据间相关性。

$(\hat{\beta}_0,\hat{\beta})=\arg\min_{\beta_0,\beta}\sum_{i=1}^{N}(y_i-x_i^T\beta-\beta_0)^2+\lambda\|\beta\|_1$.

3:最后获得新的特征描述符数据 X^{new}。

分位数回归森林概率密度预测模型

1:将 X^{new},Y 输入 QRF 模型:

a) 生成 k 棵树 $T(\theta_t)$,$t=1,2,\cdots,k$,如同在随机森林一般作为元分类器,记录每棵树每个节点上的观测值 Y,而非平均值;

b) 对于给定的 $\hat{X}^{new}=x$,输入到相应的树下,计算权重 $\omega_i(x,\theta_t)$,$t=1,2,\cdots,k$ 及树集合的平均权重 $\omega_i(x)$,$i\in\{1,2,\cdots,n\}$:

续表

算法 4-1:分位数回归森林概率密度预测算法
$\omega_i(x,\theta_t)=\dfrac{1_{\{X_i\in R_{l(x,\theta)}\}}}{\#\{j:X_j\in R_{l(x,\theta)}\}}$, $\omega_{i(x)}=\dfrac{1}{k}\sum_{t=1}^{k}\omega_i(x,\theta_t)$.   c)使用步骤 b)中的权重,计算所有 $y\in R$ 分布函数的估计值,然后对 y 得到其分布函数: $\hat{F}(y\mid\hat{X}^{new}=x)=\sum_{i=1}^{n}w_i(x)1_{\{Y_i\leq y\}}$.   最后,条件分位数的估计数 $\hat{Q}_\alpha(x)$ 是将 $\hat{F}(y\mid\hat{X}=x)$ 插入到 $\hat{Q}_\alpha(x)=\inf\{y:F(y\mid X=x)\geq\alpha\}$ 得到。   2:对于所有的预测样本,得到其不同分位数下核密度估计:$\hat{f}(x)=\dfrac{1}{Nh}\sum_{i=1}^{N}K\left(\dfrac{x-x_i}{h}\right)$.   其中 h 是宽度,$K(\cdot)$ 是核函数,在这里为:$K(u)=\dfrac{3}{4}(1-u^2)I(\mid u\mid\leq 1)$.

基于以上分析,本节整合了分位数回归森林与概率密度估计模型在 Buchwald-Hartwig 偶联反应中的应用,提出了分位数回归森林概率密度预测模型。利用分位数回归森林概率密度预测模型在多维化学空间中智能预测反应性能相应的算法如算法 4-1 所示。

4.3 实验结果与分析

4.3.1 预测精度分析

将第 2 章筛选得到的特征描述符数据输入到分位数回归森林概率密度预测模型中,分别得到了 90%、95%、99%的预测区间,在 QRF 模型中,采用十折交叉验证进行预测,模型中的树总数 $K=1000$,其他参数选择默认值。结果如图 4-1 所示,每个图的左上角(左下角)显示了不同预测区间的上界(下界)以上(下)的预测值百分比。

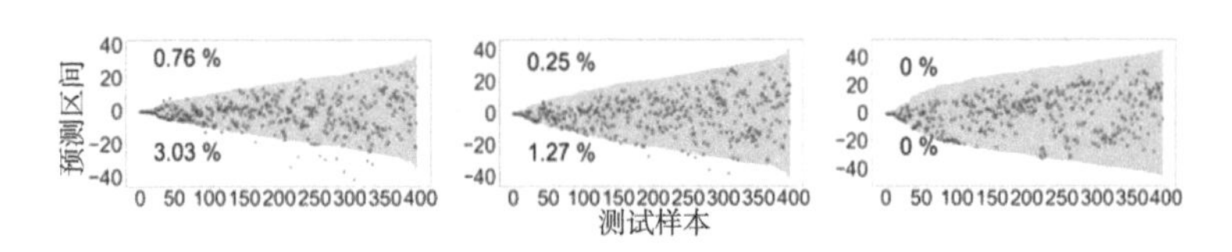

图 4-1 90%、95%以及 99%预测区间结果

图中有两个主要的观察结果：第一，正如预期的那样，每个预测区间几乎覆盖了所有的预测结果，其最高概率分别为 96.21%、98.48%、100%；第二，预测区间的长度变化很大，因此一些观测结果可以比其他方法得到更准确的预测，这表明了模型预测的准确性。此外，可以看到 90%、95%、99%的预测区间宽度是逐渐增加的，其主要原因是，随着置信水平的提高，预测区间会逐渐增大，但区间估计的精度也会相应地降低，反之亦然，预测区间的宽度越窄，预测则越可靠。

进一步地，本节任意选取了两个实验样本，并绘制其完整的概率密度曲线，结果如图 4-2 所示。可以看出，实际值接近曲线的峰值，这也说明了概率较高的产率预测值与实际值非常相似，反映了该模型的准确性。

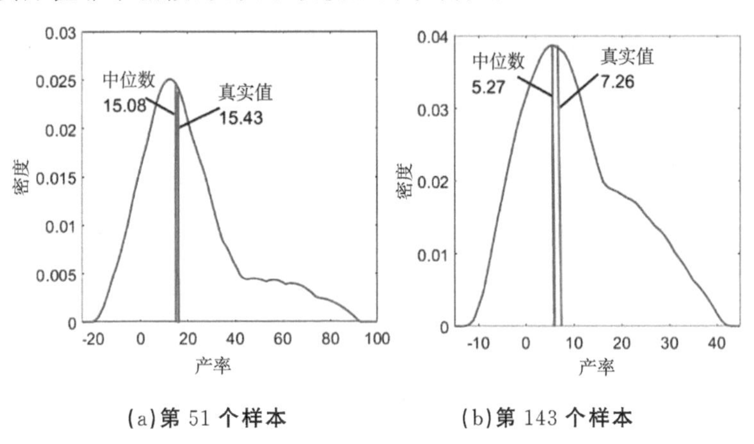

(a)第 51 个样本　　(b)第 143 个样本

图 4-2 概率密度估计结果

概率预测指标一般分为可靠性指标（预测区间覆盖范围）和清晰度指标（预测区间的平均宽度）两种。本章采用 QS(Quantile Score)和 WS(Winkler Score)两种方法，在三个较高的置信水平（90%、95%、99%）下评价该模型的概率预测效果。利用这两个指标，将源数据与两阶段筛选获得的 38 个和 21 个描述符用分位数回归森林模型获得的不同分位数下的预测值进行了比较，验证了本章提出的概率预测模型的准确性，同时也从侧面证明了特征描述符选择的有效性。结果如图 4-3 所示，可以看到特征筛选后的 QS 值明显小于原始 120 个特征的 QS 值，且经过基

于重要性和相关性的特征描述符选择方法后得到的 21 个描述符的 QS 值最小，说明筛选后的描述符概率预测效果较好；在三个较高的置信水平（90%、95%、99%）下，特征筛选后的 WS 值均小于筛选前的 WS 值。其中 90%置信水平的预测范围结果最好，因此在之后的样本外预测实验以及离群点的分析中，都选择结果更可靠的 90%的预测区间。

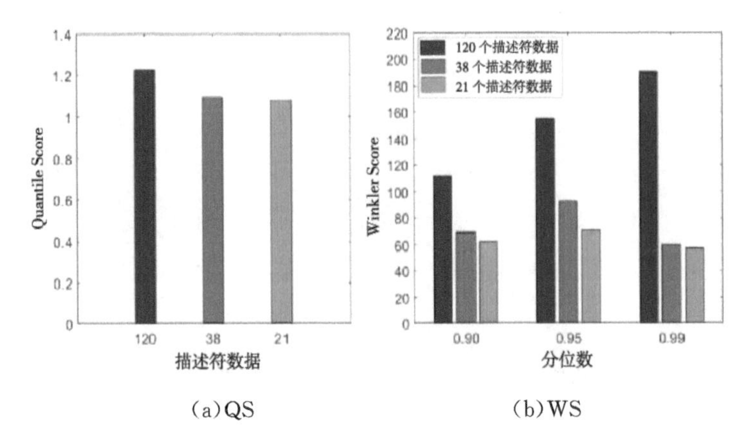

（a）QS　　（b）WS

图 4-3　评价指标的结果（选取的分位数：0.90、0.95、0.99）

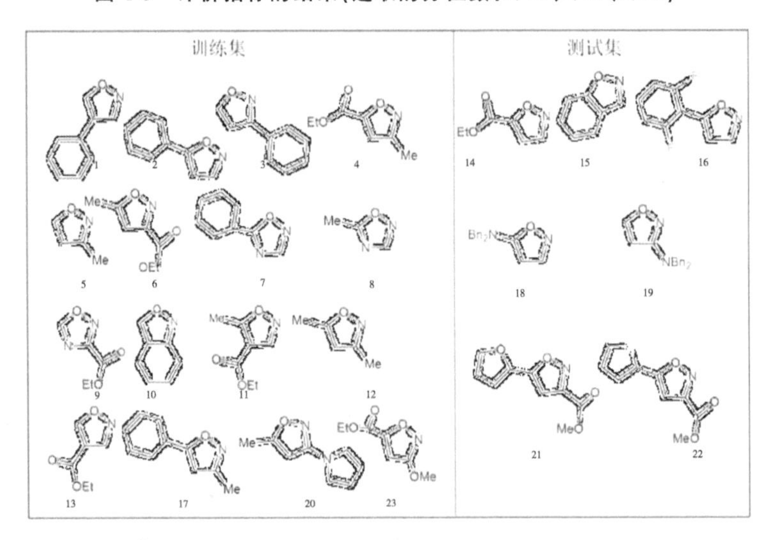

图 4-4　7 种样本外预测的添加剂结构示意图

为了进一步验证模型预测的泛化性能，本章对反应条件中的添加剂进行了样本外预测。样本外预测将数据集分为两个不相交的部分，一部分作为训练集用来估计模型，另一部分作为用来被预测的测试集，以此来测试模型的泛化能力。本节随机选择 7 种添加剂作为未知反应条件，以剩余的已知反应条件作为训练数据，来预测未知反应条件的产率。这里随机选择的添加剂分别为第14、15、16、18、19、21、22种，结构图如图4-4所示，预测结果如图4-5所示。在图4-5中，每一个预测区间的上界表示预测值高于真实值，区间下界以下表示预测值低于真实值，显然只有少数观测值超出了90%预测区间范围，这说明了样本外预测与模型预测之间不存在显著的系统偏差，模型可以预测新的异恶唑或卤化物结构对Buchwald-Hartwig偶联反应产率的影响。与此同时，该实验也从侧面证明了第2章筛选得到的21个描述符可以很好地捕捉到原始的描述符数据对反应结果的影响，并验证了筛选后的描述符的有效性。

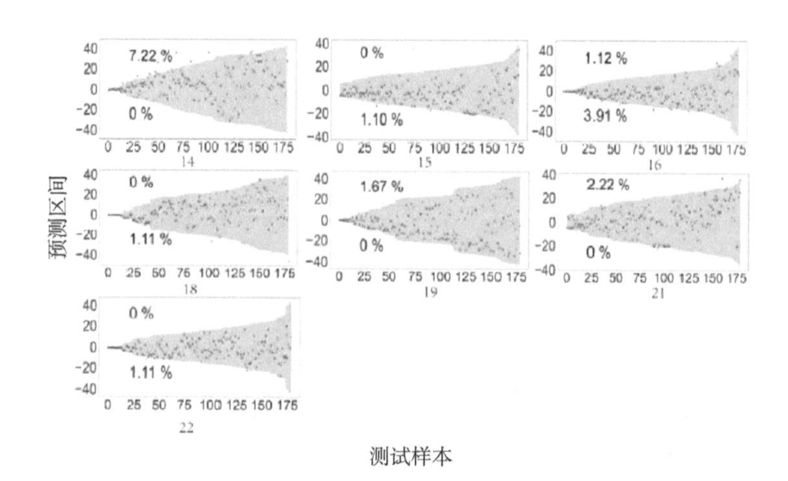

图4-5 样本外预测结果

4.3.2 离群点分析

捕获离群点(异常点)可用于深入分析数据。研究人员可以通过进一步分析离群点对应的反应条件，来分析所反映的情况是系统偏差还是实验误差，从而为实际工作提供更多的帮助。QRF除了建立预测区间以提供有效的决策信息外，还可用于测试离群点。本节以图4-1中的90%预测区间为例，对区间上边界以上的3个离群点和区间下边界以下的14个离群点进行研究。这17个离群点对应的反应条件见表4-1(表中的数字对应于图2-1中反应类型的序号)。通过分析17个离群点对应的描述符特征，还发现：其中名称为ligand_ * C7_electrostatic_charge的描述符对应的值较大；在离群值对应的反应条件中，卤化物对应的都是化学性质较不活跃的，添加剂主要集中在20、21、22中。

表 4-1　离群点对应的反应条件

<table>
<tr><th>离群点</th><th>添加剂</th><th>卤化物</th><th>基底</th><th>配体</th></tr>
<tr><td rowspan="3">预测区间上界以上的离群点</td><td>19</td><td>7</td><td>1</td><td>3</td></tr>
<tr><td>20</td><td>7</td><td>1</td><td>3</td></tr>
<tr><td>21</td><td>12</td><td>1</td><td>4</td></tr>
<tr><td rowspan="14">预测区间下界以下的离群点</td><td>20</td><td>4</td><td>2</td><td>3</td></tr>
<tr><td>20</td><td>4</td><td>3</td><td>3</td></tr>
<tr><td>22</td><td>4</td><td>1</td><td>3</td></tr>
<tr><td>22</td><td>4</td><td>2</td><td>3</td></tr>
<tr><td>22</td><td>4</td><td>3</td><td>3</td></tr>
<tr><td>19</td><td>13</td><td>3</td><td>4</td></tr>
<tr><td>20</td><td>4</td><td>2</td><td>4</td></tr>
<tr><td>20</td><td>13</td><td>2</td><td>1</td></tr>
<tr><td>20</td><td>13</td><td>3</td><td>4</td></tr>
<tr><td>21</td><td>4</td><td>1</td><td>4</td></tr>
<tr><td>22</td><td>4</td><td>1</td><td>1</td></tr>
<tr><td>22</td><td>7</td><td>1</td><td>4</td></tr>
<tr><td>22</td><td>4</td><td>1</td><td>4</td></tr>
<tr><td>22</td><td>4</td><td>2</td><td>4</td></tr>
</table>

当去除离群点后，再使用随机森林算法预测 Buchwald-Hartwig 偶联反应的产率，结果如表 4-2 所示，可以看到特征筛选前与特征筛选后的数据预测精度都有一定的提升。

表 4-2　去除离群点前后的产率预测结果

<table>
<tr><th>数据</th><th>是否去除离群点</th><th>R^2</th><th>RMSE（%）</th></tr>
<tr><td rowspan="2">源数据</td><td>否</td><td>0.920</td><td>7.80</td></tr>
<tr><td>是</td><td>0.922</td><td>7.59</td></tr>
<tr><td rowspan="2">筛选后的 21 个描述符数据</td><td>否</td><td>0.929</td><td>7.20</td></tr>
<tr><td>是</td><td>0.933</td><td>7.06</td></tr>
</table>

4.4 本章小结

本章提出的分位数回归森林概率密度预测模型可以推断出响应变量完整的条件分布，用于构建预测区间和检测数据中的离群点。本章首先利用该模型得到了不同分位数下 Buchwald-Hartwig 偶联反应产率的预测区间，再利用概率密度预测估计方法得到每一个样本的概率密度曲线，这些研究成果都可以为研究人员选择更合适的反应条件提供有效的决策信息。同时离群点的检测和有效的样本外预测也为研究人员在实际应用中提供了更多的可能性。

研究者可以将不同分位数下的预测情况应用到实际问题中。对于未知而苛刻的反应条件,是否需要用真实的化合物进行进一步的实验分析,取决于预测结果是否在较高分位数下的预测范围内,如果在,则可以进行进一步的化学分析。因此,该方法可以帮助确定一个未知的反应条件是否需要进行深入的研究。

5　基于深度森林的有机合成预测

由于深度学习[18]模型主要由数据驱动，对数据量有一定的要求，而本文筛选后得到的数据量较小，不能应用于深度森林，存在一定的局限性，因此本章仍选用的是较大的数据量（源数据）进行研究。

5.1 基于深度森林的产率分析模型

周志华[19-20]在2017年提出的深度森林（Deep Forest，DF）是一个新的非神经网络形式的深度模型。深度森林算法巧妙地将深度学习和集成学习的思想结合起来，通过增加每一层中基学习器的数量或基学习器中树的数量来增加模型复杂度，将特征引入深度森林中进行逐层训练，让分类器做表征学习，通过此种方法可以有效提高分类的预测准确率。同时，相较于一般的深度学习方法，如卷积神经网络（Convolutional Neural Networks，CNN），深度森林的超参数更少，且对超参数有更好的鲁棒性，在调参的过程中更加简单，在小样本数据集上有更好的表现。另外，深度森林可以并行计算，在单机上运行所需的时间与带GPU加速运行深度神经网络的时间相仿[21]，因此相较于传统的机器学习算法，深度森林更具有实用性。该算法在深度学习领域，拥有更少的超参数、效率高、扩展性好，不仅能处理小规模数据，还能够处理大规模数据，拥有比其他基于决策树的集成学习方法更好的性能。但对于大规模数据运算成本也会相应增加（见图5-1）。

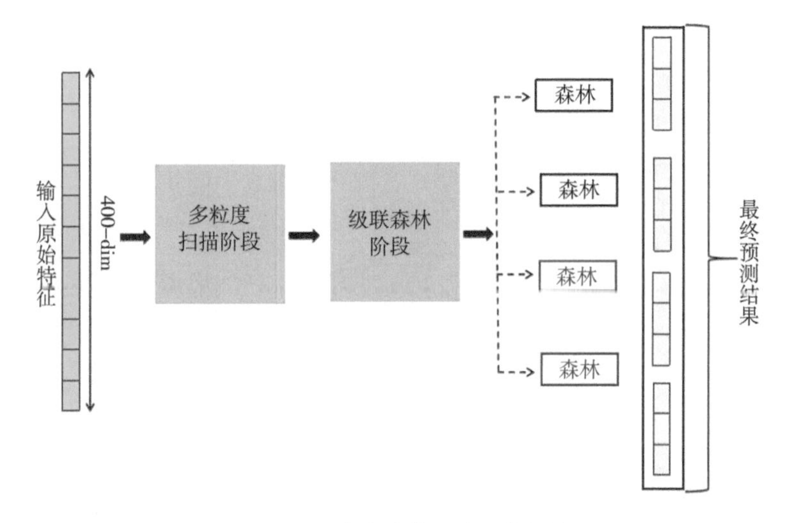

图 5-1 深度森林模型的总体架构

深度森林是一个非神经网络形式的深度模型，巧妙地结合了深度学习和集成学习的优点，通过对原始特征逐层处理，能够快速实现高精度分类预测。深度森林将原始特征向量和其对应的类别标签作为深度森林第一层的输入，训练初始样本。首先，当特征进入第一层的分类器时，级联中的每个分类器会分别对特征进行训练，每个随机森林中的决策树会对特征所属类别进行预测，从而得到对应的类概率向量；其次，将原始特征向量与第一层得到的类概率向量进行拼接，作为第二层的输入，继续训练下一层的模型，像这样不断地持续下去；最后，达到模型的终止条件时，停止训练，得到输出结果。模型终止可以按照以下条件设定：在每一层级联训练结束的时候，通过验证集对级联结构进行评估，直到当前级联层的分类准确率与上一层级联的分类准确率相比没有显著提高，或模型达到设定的最大深度的时候停止训练。

对于给定的训练数据集 $\boldsymbol{S}=\{(\boldsymbol{x}_1,y_1),(\boldsymbol{x}_2,y_2),\cdots,(\boldsymbol{x}_n,y_n)\}$，其中 $\boldsymbol{x}_i\in\mathbb{R}^m$ 表示一个具有 m 个特征的特征向量，$y_i\in\{1,\cdots,C\}$ 表示特征对应的类，x 和 y 分别为 $\boldsymbol{x}_i$ 和 y_i 的集合，分类的任务是构造一个精确的分类器 $c:\mathscr{R}^m\rightarrow\{1,\cdots,C\}$，使 $c(\boldsymbol{x}_i)=y_i, i=1,2,\cdots,n$ 的概率最大化。假设深度森林中有 T 层级联，每层级联由 L 个森林组成，第 t 层级联输入的训练样本为 $(\boldsymbol{x}^t,y), t=0,1,\cdots,T$，其中，$\boldsymbol{x}^t$ 表示输入第 t 层级联的训练样本的特征向量，y 表示每个特征向量对应的类别[22]。

深度森林是层与层之间级联形成的模型，每一层训练得到的特征向量都会和原始特征向量拼接，作为下一层的输入，进行逐层训练，将原始特征 $\boldsymbol{x}^0$ 与第 $t-1$

层级联 $\boldsymbol{x}^{t-1}$ 经过训练得到的类概率向量进行拼接，作为第 t 层级联的输入特征 $\boldsymbol{x}^{t}$，因此得到新的特征表示为：

$$\boldsymbol{x}^{t}=(p_{t,1}(\boldsymbol{x}^{t-1}),\cdots,p_{t,l}(\boldsymbol{x}^{t-1}),\boldsymbol{x}^{0}). \tag{5-1}$$

其中，$p_{t,l}(\boldsymbol{x})$ 特征向量 $\boldsymbol{x}$ 经过第 t 层级联的第 l 个随机森林训练得到的类概率向量。

最终将最后一层级联中所有随机森林预测概率求平均得到类概率向量：

$$p(x)=\frac{\sum_{l=1}^{L}p_{T,l}(\boldsymbol{x}^{T-1})}{L},l=1,2,\cdots,L. \tag{5-2}$$

全部训练样本的所属类别一共有 c 类，则 $p(\boldsymbol{x})=(p_1(\boldsymbol{x}),p_2(\boldsymbol{x}),\cdots,p_c(\boldsymbol{x}))$，深度森林最终的分类预测结果为类概率向量中概率最大项所对应的类别，即表达式为 $\operatorname{argmax}_{c} p(\boldsymbol{x})$。

算法 5-1　深度森林分类算法

输入：训练集 $\boldsymbol{S}=\{(\boldsymbol{x}_1,y_1),(\boldsymbol{x}_2,y_2),\cdots,(\boldsymbol{x}_n,y_n)\}$，$x_i\in\mathbb{R}^m$，$y_i\in\{1,\cdots,C\}$. x_i 表示特征描述符，y_i 表示产率类别

过程：

1：for $t=1,2,\cdots,T$ do；

2： for $l=1,2,\cdots,L$ do；

3：根据深度森林算法训练第 t 层级联的第 l 个随机森林；

4：计算第 t 层级联的第 l 个随机森林的类概率向量 $p_{t,l}(x^{t})$；

5：$\boldsymbol{x}^{t+1}=(p_{t,1}(\boldsymbol{x}^{t}),\cdots,p_{t,l}(\boldsymbol{x}^{t}),\boldsymbol{x}^{0})$；

6：end for

7：将 $\boldsymbol{x}^{t+1}$ 用于下一层级联的输入；

8：end for

9：深度森林预测得到的类概率向量 $p(x)=\dfrac{\sum_{l=1}^{L}p_{T,l}(\boldsymbol{x}^{T-1})}{L}$。

输出：所属类别为 $\operatorname{argmax}_{c} p(\boldsymbol{x})$

深度森林分类的总算法为算法 5-1。首先，使用数据集和对应的类别标签训练深度森林中第 t 层级联的第 l 个随机森林，此时，l 个随机森林预测输出的类概率向量分别为 $p_{t,1}(\boldsymbol{x}^{t}),p_{t,2}(\boldsymbol{x}^{t}),\cdots,p_{t,l}(\boldsymbol{x}^{t})$；其次，将第 t 层级联输出的结果与原始特征向量 $\boldsymbol{x}^{0}$ 拼接，得到 $\boldsymbol{x}^{t+1}=(p_{t,1}(\boldsymbol{x}^{t}),\cdots,p_{t,l}(\boldsymbol{x}^{t}),\boldsymbol{x}_0)$ 作为第 $t+1$ 层级联的输入，不断进行逐层训练，深度森林预测得到的类别向量为第 T 层级联中每个随机

森林预测得到的类别向量的平均值[13]；最后，根据得到的类概率向量判断所属类别，如果对于类别向量中的第 c 个元素是最大的，那么 x 属于 c 类。

5.2 基于深度森林的产率分类预测

在结构上，深度森林对原始特征进行变换，并通过逐层训练充分利用了数据中蕴含的信息，此外多层级联增加了模型的复杂度，使得该模型适用于高维小样本数据。为验证模型在解决化学产率预测问题上的实用性，本节对深度森林算法和传统的机器学习、集成学习以及深度学习算法进行分类对比实验，包括：逻辑回归、K-近邻[22]、支持向量机[23]、神经网络[24]、决策树、随机森林、极端随机树、梯度提升树[25]和卷积神经网络[26]。本节随机选取全部数据的 70％作为训练集，剩余的 30％作为测试集，比较不同算法的分类精度，并对实验结果分别进行差异性检验、稀疏数据分析、时间复杂度分析和样本外预测，来验证深度森林实现偶联反应产率分类预测的可行性。

5.2.1 数据预处理

1. 数据初步分析

Buchwald-Hartwig 偶联反应的产率分布如图 5-2 所示，通过观察发现，产率分布在 0～100 之间，且大部分反应的产率为 0，说明低产率的占比较多，大部分的 Buchwald-Hartwig 偶联反应物并不产生反应。根据拟合的概率密度曲线可知，产率分布是偏态的。此外，为进一步检验产率的正态性，对产率做 Kolmogorov-Smirnov 检验，原假设为样本来自的总体符合正态分布，备择假设为样本来自的总体不符合正态分布。检验结果表明，p 值远远小于给定的显著水平 $\alpha=0.05$，拒绝原假设。因此，Buchwald-Hartwig 偶联反应的产率分布不服从正态分布。由于不满足一般线性模型正态分布的假设，因此要实现偶联反应产率的预测，应结合数据特点选择其他适合的机器学习算法。

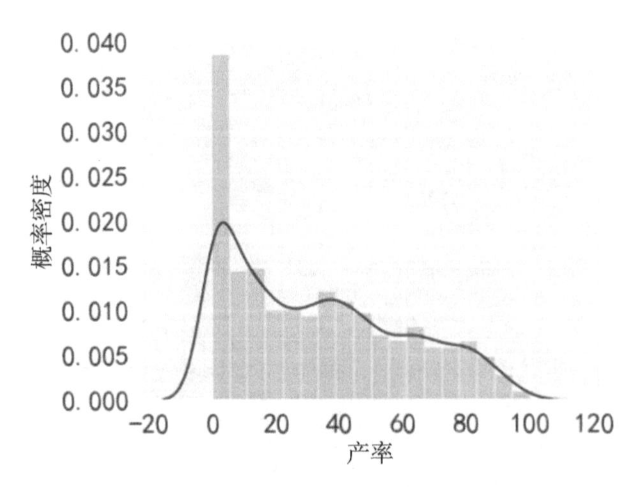

图 5-2　产率值的概率密度曲线和频数分布直方图

为了探究不同特征描述符之间的关系，计算了 120 个特征描述符之间的皮尔逊相关系数。相关系数的值越接近 1，说明描述符之间的正相关性越强；越接近 −1，说明描述符之间的负相关性越强；越接近 0，说明描述符之间的相关性越弱。为了更直观地观察不同特征描述符之间的关系，本文对皮尔逊相关系数做可视化处理，图 5-3 显示了四类特征描述符之间的相关性：添加剂（19 个）、芳基卤化物（27 个）、碱基（10 个）和配体（64 个）。图中的每个方块显示两个描述符之间的皮尔逊相关系数，方块的颜色越深，说明描述符之间的正相关越强；反之，方块的颜色越浅，说明描述符之间的负相关性越强。由图 5-4 可知，添加剂、芳基卤化物、碱基和配体这四类描述符之间显然互不相关。

进一步，分别计算每一类描述符内部的皮尔逊相关系数，并对其做可视化处理。结果如图 5-4 所示，虽然不同类别的特征描述符之间不存在相关性，但是在同类描述符内部却存在很强的相关性。因此，为了提高 Buchwald-Hartwig 偶联反应的产率，需要对添加剂、芳基卤化物、碱基和配体四种反应物进行适当的匹配，在符合绿色化学的理念下，实现产率的高效制备。

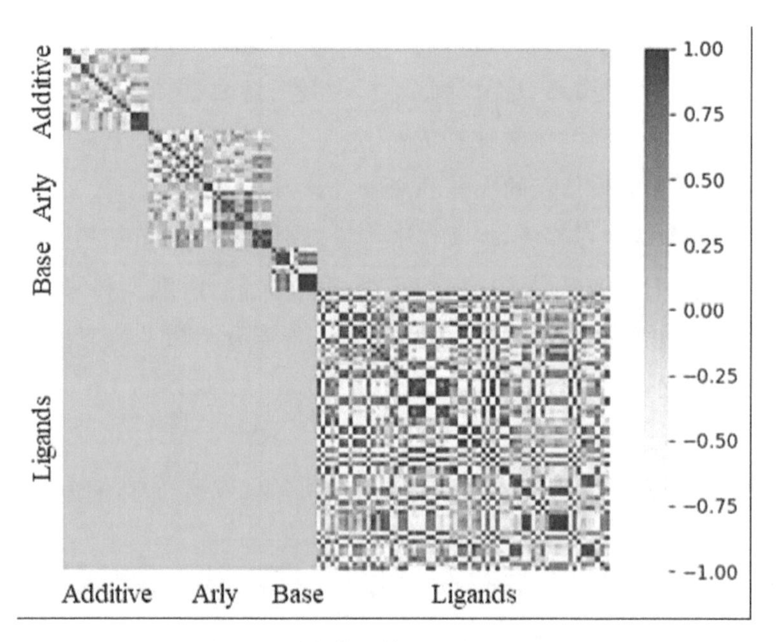

图 5-3 特征描述符之间的相关热图

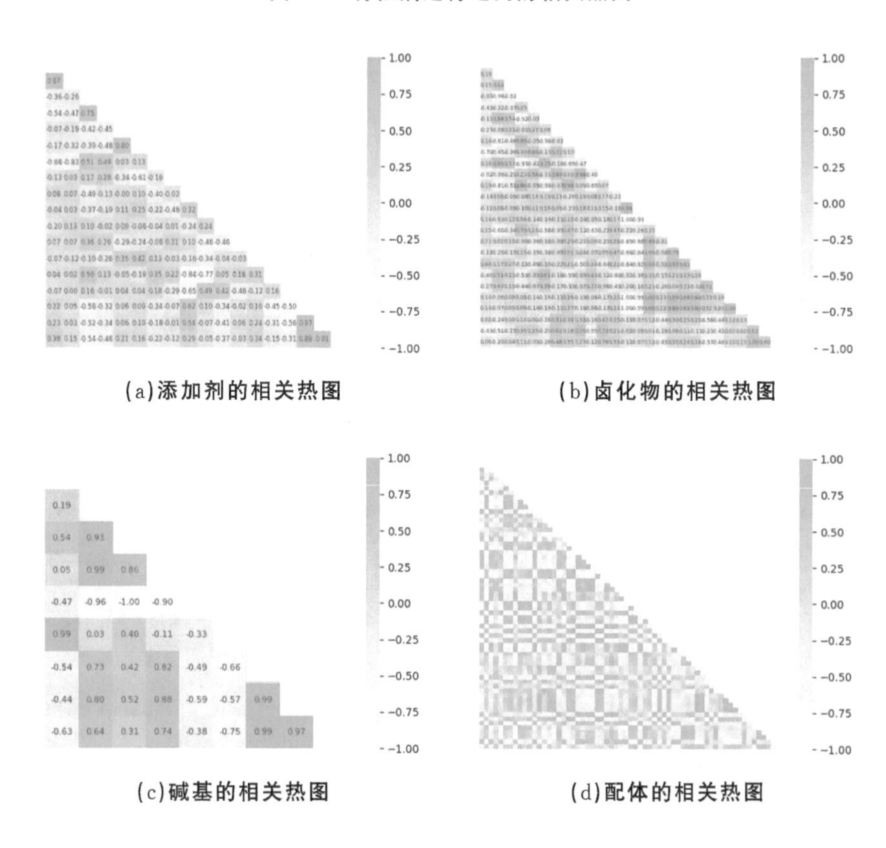

(a)添加剂的相关热图

(b)卤化物的相关热图

(c)碱基的相关热图

(d)配体的相关热图

图 5-4 各类别特征描述符内部的相关热图

由于每一类描述符之间具有很强的相关性，传统的机器学习方法在进行预测之前往往需要进行特征筛选，这将导致不可逆转的信息丢失，降低预测的准确率。为解决以上问题，本文根据化学数据的特点，采用深度学习的思想，通过对特征进行逐层训练，实现对数据信息的充分利用。考虑到数据量较小，无法满足基于大量数据驱动的一般深度学习算法，本节将引入深度森林模型对特征描述符进行训练，实现对 Buchwald-Hartwig 偶联反应产率类别的预测。深度森林采用深度学习逐层训练的特征学习思想，不需要进行特征筛选，就充分利用了所有的已知信息，与传统的分类器相比，有效地提高了分类预测精度。

2. 数据预处理

在产率分类预测中，以 1/4 分位点和 3/4 分位点为临界点，1/4 分位点以下的产率为低产率，1/4 分位点以上和 3/4 分位点以下的产率为中等产率，高于 3/4 分位点的产率为高产率，此时，三种产率类别并不平衡。在传统的机器学习算法中，一般会假定不同类型的样本数目相近，如果分类不均衡可能导致算法的训练效果降低，而且若以分类准确率作为标准评估分类的效果，当分类器将未知示例划分为数量较多的那一类时，虽然可以达到很高的准确率，但实际上该分类器并没有任何效果。由此可见，类别平衡对实验预测效果具有一定的影响。

基于上述问题，为提高模型的分类预测准确率，在使用模型对数据进行训练前，需要对总体样本做类别平衡处理，保证全部数据包含的几种类别占比平衡。本文通过使用合成少数过采样技术（Synthetic Minority Oversampling Technique, SMOTE）对全体数据进行类别平衡。

SMOTE 算法[27]主要是通过对少数类别的样本进行分析，然后对少数类别样本进行人工合成，加入数据集中。对于少数类别样本 x ，采用欧氏距离作为基准，计算其与少数类别样本集合 $S_{\min}$ 内的所有样本之间的距离，从而得出 k 个近邻。根据样本不平衡比率设置一个采样比例来确定采样倍率 M ，对于每一个少数类样本 x ，从其 k 近邻中随机选择若干个样本，假设选择的近邻为 xm ，对于每一个选出的近邻 xm ，分别与原样本按照如下的格式进行新样本的构建：

$$x_{new} = x + rand(0,1) * |x - xm|. \tag{5-3}$$

类别平衡前后，产率类别的分布如图 5-5 所示，Buchwald-Hartwig 偶联反应产率的原始数据中，低产率、中产率和高产率分别为 985 个、1980 个和 990 个，每类产率分别占比 25%、50%和 25%[图 5-5(a)]；使用 SMOTE 算法进行类别平衡后，低产率、中产率和高产率各 1980 个，每类产率的占比相同[图 5-5(b)]，由此可以看出

SMOTE 算法实现了类别平衡。

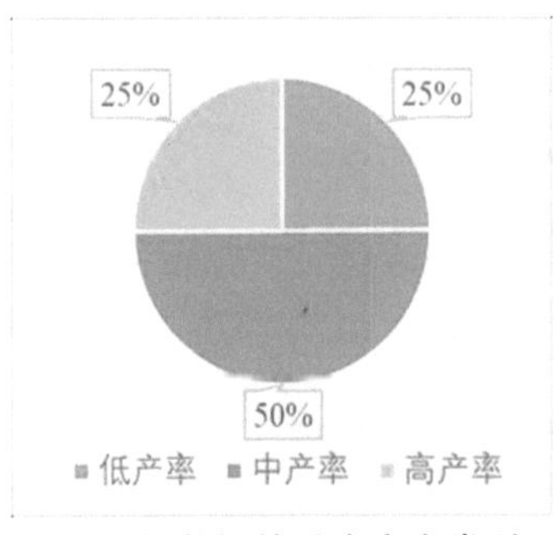

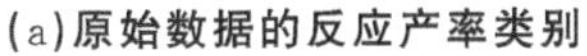

(a)原始数据的反应产率类别

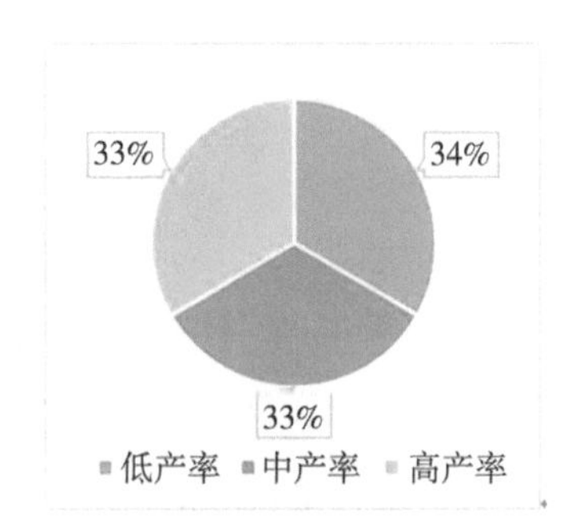

(b)SMOTE 平滑后的反应产率类别

图 5-5　类别平衡前后产率类别图

5.2.2 产率分类预测结果分析

将 120 个特征描述符与其对应的产率所属类别分别输入不同的模型中，通过比较十折交叉验证条件下，深度森林和其他九种机器学习算法、深度学习算法的分类准确率(Accuracy)、减少错误率(Error Reduction Rate，ERR)[28]和 kappa 统计量，来评估 Buchwald-Hartwig 偶联反应的分类预测效果，所有的分类方法均是在 AMD Ryzen 5 4600U with Radeon Graphics 2.10 GHz、64Bit、Windows 10、Python 3.8 的实验环境下进行的，其中深度森林算法按照表 5-1 中的超参数进行设置。

表 5-1　深度森林算法中的超参数设置

超参数名称	超参数值
级联的最大层数	20
每层级联包含的森林个数	5
每个森林中决策树的数量	100
分类器的类型	随机森林

首先，通过比较九种分类算法的分类准确率来衡量分类预测的准确程度。分类准确率即为预测正确的样本占总样本的比例，预测正确的样本占总体样本的比例越高说明分类准确率越高。在分类问题中，可以将样本根据分类器的预测类别和观测的真实类别划分为真正例(True Positive，TP)、假正例(False Positive，FP)、真反例(True Negativc，TN)、假反例(False Negative，FN)四种情况，对于多分类问题，假设一共有 T 类，则样本总数为：

$$Total=\sum_{t=1}^{T}(TP_t+FP_t). \tag{5-4}$$

因此分类准确率定义为：

$$Accuracy = \frac{\sum_{t=1}^{T} TP_t}{Total}. \tag{5-5}$$

实验结果如图 5-6 所示，可以发现，逻辑回归、SVM、KNN、神经网络、决策树和极端随机树的分类效果并不太理想，而深度森林、随机森林和梯度提升树都以较高的分类准确率有效地预测了产率的类别，其中，深度森林模型的分类准确率最高，为 93.21%。

其次，根据分类准确率，可以进一步计算出减少错误率，即两种算法相比，错误率降低的比率，减少错误率的计算公式为：

$$ER = \frac{ER_{其他算法} - ER_{DF}}{ER_{其他算法}} \times 100\%, \tag{5-6}$$

其中，ER 为错误率，即 $1-Accuracy$ 。由表 5-2 可以看出，深度森林相较于其他的算法，分类错误率都有不同程度的下降。

最后，Cohen[29] 提出的 $kappa$ 统计量不仅可以用于一致性检验，也可以用于衡量分类精度，$kappa$ 统计量的计算基于混淆矩阵。P_e 表示所有类别分别对应的“实际样本数与预测样本数的乘积”之和，除以“样本总数的平方”，$kappa$ 统计量定义为：

$$K = \frac{P_0 - P_e}{1 - P_e} \tag{5-7}$$

其中，P_0 是每一类分类正确的样本数量之和除以总样本数，也就是总分类精度。越不平衡的混淆矩阵，P_e 越高，对应的 $kappa$ 值就越低，因此能够给类别不平衡的模型打低分。

一般情况下，$kappa$ 的取值范围是（0,1），当 $0 < kappa < 0.2$ 时，说明一致性极低；当 $0.2 < kappa < 0.4$ 时，说明一致性一般；当 $0.4 < kappa < 0.6$ 时，说明一致性中等；当 $0.6 < kappa < 0.8$ 时，说明高度一致；当 $0.8 < kappa < 1$ 时，说明几乎完全一致。$kappa$ 系数越接近 1，说明分类的一致性越好。

通过比较不同算法的 $kappa$ 统计量发现，深度森林的 $kappa$ 值最高，为 0.898。此外，随机森林、梯度提升树、决策树也展现了较好的结果（图 5-7）。此处随机森林的 $kappa$ 值高于卷积神经网络的原因初步推测为卷积神经网络的预测效果受数据量的大小影响。同时，深度森林的 $kappa$ 统计量大于 0.8，说明深度森林预测的分类结果与真实的分类结果在统计学意义上几乎完全一致。基于以上实验结果可以得出结论，深度森林的分类预测结果优于传统的分类算法的结果，并且具有较高的精度和较低的错误率。

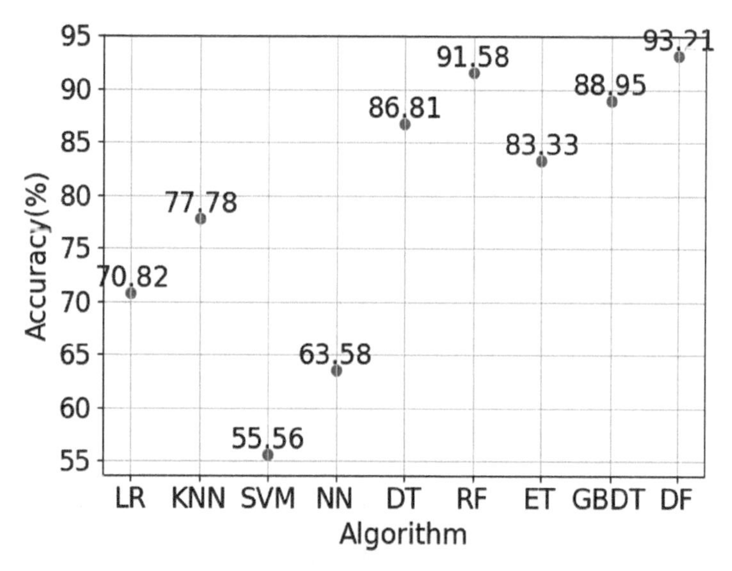

图 5-6　各算法分类准确率对比图

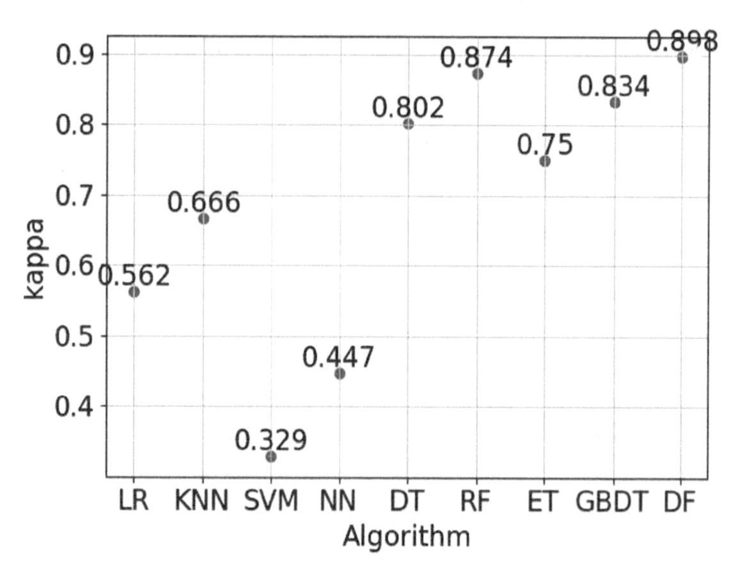

图 5-7　各算法 kappa 值对比

各个算法的分类预测汇总结果如表 5-2 所示，根据结果可以看出，相较于几种经典的机器学习算法，深度森林的预测结果提升较大，相较于几种集成树模型，深度森林的预测结果也有不同程度的提升。深度森林与深度学习算法的对比在后续分析时间复杂度时再做讨论。

表 5-2　分类预测结果对比

算法	准确率	减少错误率	kappa
逻辑回归	70.82%	76.73%	0.562
KNN	77.78%	69.44%	0.666
SVM	55.56%	84.72%	0.329
神经网络	63.58%	81.36%	0.447
决策树	86.81%	48.52%	0.802
随机森林	91.58%	19.36%	0.874
极端随机树	83.33%	59.27%	0.750
梯度提升树	88.95%	38.55%	0.834
深度森林	93.21%	—	0.898

深度森林的多分类 ROC 曲线如图 5-8 所示，纵坐标代表的是真正例率，该指标越高代表诊断的准确率越高；横坐标代表的是假正例率，该指标越低就代表误判率越低。分别用 0、1、2 表示产率的高、中、低三类，从图 5-8 中可以看出这三类的 AUC 值分别为 0.95、0.92、0.97。说明三类的分类预测效果均很好。从总体来看，micro-average ROC 和 macro-average ROC 的 AUC 值分别为 0.95 和 0.95，说明平均后的整体分类预测效果也很好。

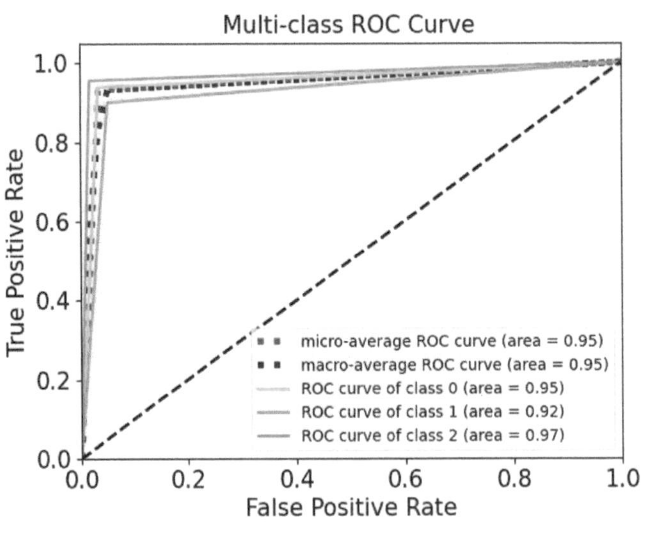

图 5-8　深度森林多分类 ROC 曲线

从图 5-8 中可以看出，每一类产率的 ROC 曲线的微平均和宏平均后整体的 ROC 曲线都位于黑色虚线的左上方且接近左上角。由于 ROC 曲线都处于 $y=x$

这条直线的上方，为准确衡量各算法的分类性能，对比各算法的 AUC 值，AUC 值越接近于 1，说明分类效果越好。通过比较发现深度森林的 AUC 值最大，为 0.95，因此深度森林的分类预测效果比其他算法的分类预测效果更好。

5.2.3 分类结果的差异性检验

为了判断各算法的分类预测结果是否存在显著差异，本文选用 Friedman 检验[30]对不同数据集上的多个算法的分类预测结果进行非参数假设检验。假设在 N 个数据集上比较 k 个算法的分类准确率，令 r_i 表示第 i 个算法在所有数据集上的分类准确率的平均排序。若不考虑平分序值的情况，则 r_i 服从正态分布，则其均值为 $\frac{k+1}{2}$、方差为 $\frac{k^2-1}{12}$，因此该检验的统计量为：

$$\chi_r^2 = \frac{12N}{k(k+1)}\left(\sum_{i=1}^{k} r_i^2 - \frac{k(k+1)^2}{4}\right), \tag{5-8}$$

当 k 和 N 较大时，χ_r^2 服从自由度为 $k-1$ 的卡方分布。

分别计算当测试集占全部数据的 30%、40%、50%、60%、70%、80%和 90%时不同算法的分类准确率。结果如表 5-3 所示，通过比较可以看出，深度森林在不同比例的测试集下的分类准确率均是最高的，说明深度森林在稀疏数据上也有较好表现，具有很好的鲁棒性。

表 5-3 同一数据在不同比例测试集下的分类准确率

	30%	40%	50%	60%	70%	80%	90%
逻辑回归	70.82%	70.75%	70.20%	72.42%	69.43%	69.28%	67.38%
KNN	77.78%	77.78%	77.58%	76.04%	71.33%	69.63%	65.28%
SVM	55.56%	54.67%	53.10%	51.49%	47.07%	48.57%	49.79%
神经网络	63.58%	47.90%	62.15%	65.60%	54.52%	59.74%	53.55%
决策树	86.81%	88.47%	86.53%	85.49%	83.33%	82.07%	75.44%
随机森林	91.58%	91.37%	90.27%	89.76%	86.80%	84.97%	82.04%
极端随机树	83.33%	81.90%	78.72%	79.66%	78.33%	76.33%	70.78%
梯度提升树	88.95%	88.59%	88.15%	87.99%	87.59%	86.43%	84.85%
深度森林	93.21%	92.83%	91.04%	90.63%	89.01%	87.14%	82.60%

对所有算法的实验结果进行 Friedman 检验，Friedman 检验的原假设为多个算法的分类准确率无显著差异，备择假设为多个算法的分类准确率有显著差异，若检验的 p 值小于给定的显著性水平 α，则拒绝原假设，说明不同算法的分类准确率之间存在显著差异；反之，说明不同算法的分类准确率之间没有显著差异。

Friedman 检验的结果如表 5-4 所示，卡方统计量的值为 54.705，p 值为

5.038e−09，由于 p 值小于给定的显著水平 0.05，故拒绝原假设。结果表明，不同算法在分类准确率上存在显著差异。

表 5-4　不同算法分类精度的显著性检验

Friedman	
chi-squared	54.705
df	8
p-value	5.038e−09

5.2.4 稀疏数据的预测结果分析

深度森林和传统的深度学习方法相比，一个显著的优点就是在小样本数据集上也有较好的表现。在上述研究基础之上，本文继续探索深度森林在稀疏数据上是否具有良好的表现。若模型在稀疏数据上仍有较高的精度，则说明在相同的实验数据下，深度森林可以挖掘出数据中的更多信息，拥有更广的探索空间，更具有竞争力。

分别将全部数据的 70%、60%、50%、40%、30%、20%、10%作为训练集，对应的剩余数据作为测试集，对 Buchwald-Hartwig 偶联反应产率的所属类别进行预测。各个训练集的分类准确率结果如图 5-9 所示，随着训练集由占比 70%下降到占比 10%，分类准确率也由 93.21%下降到 82.6%，由此可见，分类准确率和训练集内数据的多少呈同步下降趋势，当训练集仅占全部数据集的 40%时，深度森林的分类预测准确率仍在 90%以上，说明即使将实验数据减至当前数据的一半，深度森林仍然保持良好的预测效果。

另外，深度森林仅仅使用 10%的训练数据对产率进行预测，结果甚至比逻辑回归、K-近邻、支持向量机、神经网络和极端随机树这五种方法使用 70%的训练数据的预测准确率还要高，体现出深度森林在稀疏数据上的良好性能。

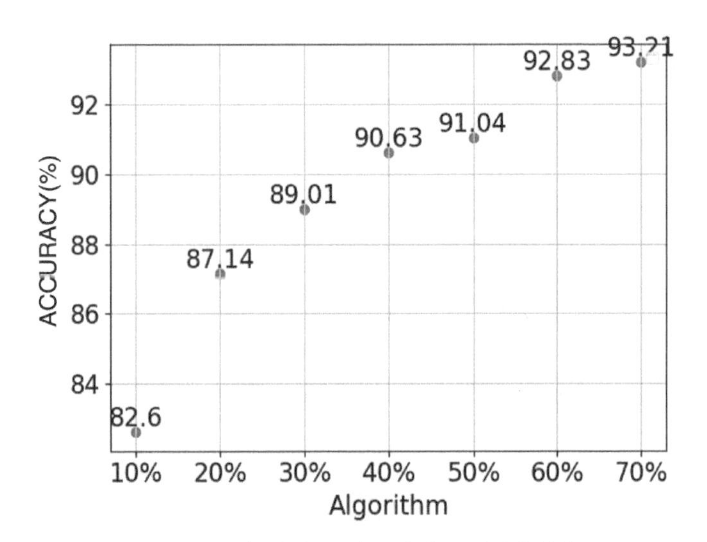

图 5-9 稀疏数据下的深度森林测试集性能

5.2.5 时间复杂度分析

在实际生产生活应用中应不止追求预测的精度,同时也要考虑预测的时间成本,如果为了达到较高的预测准确率却要付出很高的时间代价,将导致算法难以应用于实际。因为在研究经费不足或者成本预算不够的时候,时间复杂度较高的算法是不利于推广的。因此本节通过比较深度森林和卷积神经网络的分类结果,衡量深度森林算法的优劣。

深度森林和卷积神经网络的分类结果对比如表 5-5 所示,可以发现,相较于卷积神经网络,深度森林的分类精度更高且预测时间更短,仅需要 20 秒就能完成对产率的高精度分类预测。实验结果表明,深度森林在深度学习的基础上扬长避短,不仅借鉴深度学习对特征逐层学习的优点,充分利用数据的信息以提高分类精度,而且克服了深度学习对计算机硬件设备要求高、训练所需数据量大、运行时间长的缺点,在小样本和稀疏数据上依然可以表现良好。由于深度森林采用并行计算,所以大大降低了运行的时间复杂度,无须 GPU 的硬件要求,在 CPU 上的运行速度也非常快,更加适合应用于生产生活的大规模预测中,可以有效降低生产成本。

表 5-5　深度森林和卷积神经网络的分类结果对比

	深度森林	卷积神经网络
分类准确率	93.21%	89.45%
减少错误率	—	35.64%
kappa	0.898	0.842
时间	20s	118.81s

5.2.6 样本外预测

本节通过样本外预测探索了深度森林对训练数据以外的反应物的性能的预测能力。样本外预测(Out-of-sample Forecasts)指使用模型预测不包含在样本内的值,反映了该模型在真实环境中对未知数据的预测效果。

本章选取添加剂为样本外预测对象,从 23 种添加剂中随机选取 4 种作为测试集,来评估深度森林对未知性能反应物性能的预测能力。如图 5-10 所示,将 23 种异恶唑添加剂分为训练集(第 1 至第 17 和第 20、第 23 种)和测试集(第 18、第 19、第 21、第 22 种),对添加剂做样本外预测,用训练集中添加剂的异恶唑性能对测试集中添加剂的异恶唑性能做预测。

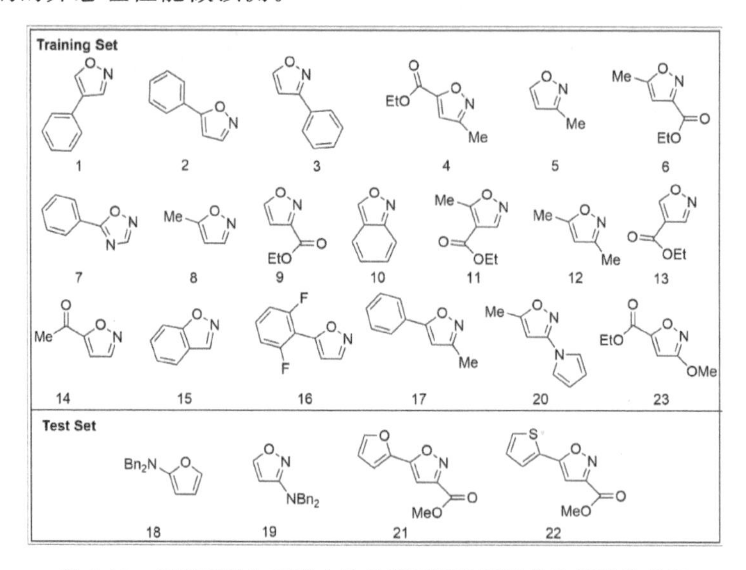

图 5-10　异恶唑添加剂样本外性能预测的训练集和测试集分组

一方面,利用样本外预测验证深度森林是否可以有效预测 Buchwald-Hartwig 偶联反应产率的所属类别;另一方面,若样本外预测准确率较高说明深度森林可以预测未知性能的化学反应物是如何影响偶联反应产率的,并由此确定将产生高产率的反应物配比组合。

添加剂的样本外预测结果如表 5-6 所示，测试集的 4 种添加剂的平均预测准确率为 92.36%，说明深度森林的样本外预测结果很好，*kappa* 统计量的平均值为 0.873，说明在统计学的检验下，这 4 种异恶唑添加剂对反应产率的真实影响与模型预测的添加剂没有显著的系统偏差。该模型良好的样本外预测能力表明，描述符已经很好地捕捉到了这些取代基对反应结果的影响，通过深度森林模型，也可以对未知添加剂的异恶唑性能进行预测，从而找到促进 Buchwald-Hartwig 偶联反应得到高产率的添加剂。

这种通过机器学习算法预测反应物性能的技术可以应用于研究药物的化学性能，使用模型进行反复训练预测，不需要人工制备，就可以在不需要消耗昂贵材料的前提下确定化学反应的最佳条件，符合绿色化学理念。

由于添加剂对产率有显著影响，在反应过程中应该注意保持添加剂的活性。这也给了化学研究人员启示，在制备芳胺的过程中，如果使用添加剂，应该更加严格地控制反应温度，因为温度会影响催化剂的活性，温度过高可能导致催化剂提前分解，造成 Buchwald-Hartwig 偶联反应生成副产品，例如：芳烃类化合物副产品，这也是导致 Buchwald-Hartwig 偶联反应产率较低的原因之一。若还原消除步骤效率低下，可以使用较高还原消除效率的配体。

表 5-6 添加剂的样本外分类预测结果

	准确率	*kappa*
Additive 18	93.89%	0.905
Additive 19	88.89%	0.802
Additive 21	93.33%	0.890
Additive 22	93.89%	0.905

5.3 基于深度森林的产率影响因素分析

上一节实现了偶联反应产率的高精度分类预测，化学研究者同样关注影响偶联反应产率的主要因素组成。为进一步了解不同的特征描述符如何影响 Buchwald-Hartwig 偶联反应产率预测，本节采用深度森林计算每个描述符的特征重要性，以描述符的重要性排名为测度分析影响产率变化的主要因素。

5.3.1 影响因素组成

对于分类问题，本文通过比较每个特征描述符在森林中的每棵树上做了多大的贡献，即通过比较 120 个特征描述符在基分类器上划分类别时基尼指数变化量的大小，判断特征的重要性。

深度森林是以决策树为基础的算法，在划分类别时，决策树的节点会进行分枝，计算每一个特征在节点划分时的基尼指数，基尼指数越小，说明数据集的纯度越高，即划分的效果比较好，基尼指数的计算方法为：

$$Gini(D)=\sum_{k=1}^{n}p_k(1-p_k). \tag{5-9}$$

其中，k 为分类类别数，p_k 为样本点属于第 k 类的概率。

因此，节点 m 分枝前后的基尼指数变化量即为特征 X_j 在节点 m 上的重要性为：

$$VIM_{jm}^{(Gini)}=GI_m-GI_l-GI_r, \tag{5-10}$$

其中，GI_l 和 GI_r 为分枝后两个新节点的基尼指数。

节点的基尼指数越小，划分前后基尼指数的变化量越大，因此，基尼指数差值越大说明当前的特征重要性越高。本节通过计算每一个特征在每一棵树上的重要性，然后取加权平均得到最终的特征重要性评估。

在得到训练好的深度森林的分类预测模型以后，本节希望寻找一些对有机合成[31-32]反应具有指导性作用的信息，研究显著影响 Buchwald-Hartwig 偶联反应的反应物，为化学研究人员提供科学的决策建议。深度森林模型正好具有一般树结构对变量的解释性，因此，本节评估了用来构建模型的 120 个特征描述符的相对重要性。

为探究显著影响 Buchwald-Hartwig 偶联反应产率的主要因素组成，本书利用训练过的深度森林分类预测模型计算了 120 个特征描述符的重要性，即测量给定描述符的值以及特征类别划分后得到的基尼指数(Gini index)变化量。衡量变量重要性的最稳健、信息量最大的方法是：当特征在基分类器上划分类别时，比较节点划分前后基尼指数差值的大小。基尼指数的差值越大，说明描述符越重要。将基尼指数差值从大到小排序，得到前 10 个最重要的特征描述符。

特征重要性排名前 10 的特征描述符的基尼指数差值如表 5-7 所示，可以看出，各特征描述符的基尼指数差值相差不大，说明上述 10 个特征描述符对 Buchwald-Hartwig 偶联反应产率的分类预测几乎同等重要。

表 5-7 基尼指数排名前十的特征描述符

特征描述符	基尼指数差值
aryl_halide_V2_frequency	0.0309
additive_ * C3_NMR_shift	0.0275
aryl_halide_molecular_weight	0.0269
additive_ * C4_electrostatic_charge	0.0248
aryl_halide_V3_frequency	0.0240
additive_ * O1_electrostatic_charge	0.0238
additive_ * C3_electrostatic_charge	0.0235
aryl_halide_E_LUMO	0.0230
aryl_halide_ * C3_NMR_shift	0.0229
additive_ * C4_NMR_shift	0.0215

基于深度森林模型的重要性排名前 10 的特征描述符如图 5-11 所示，其中，* 表示一个共享的原子；E 表示能量；LUMO 表示最低分子轨道；V 表示振动。对反应产率影响最为重要的 10 个特征分别为：aryl halide V2 frequency、additive * C3 NMR shift、aryl halide molecular weight、additive * C4 electrostatic charge、aryl halide V3 frequency、additive * O1 electrostatic charge、additive * C3 electrostatic charge、aryl halide E LUMO、aryl halide * C3 NMR shift、additive * C4 NMR shift.

分析发现，重要性排名前 10 的特征描述符中，包含五种芳基卤化物和五种添加剂，由此说明芳基卤化物和添加剂是影响产率分类预测的最重要的两类因素，其中，添加剂主要包括添加剂上的 * C-4 静电荷、* C-3 静电荷、* O-1 静电荷以及添加剂上的 * C-3 核磁共振位移、* C-4 核磁共振位移。芳基卤化物主要包括分子振动频率、分子量、芳基卤化物上的 * C-3 核磁共振位移。

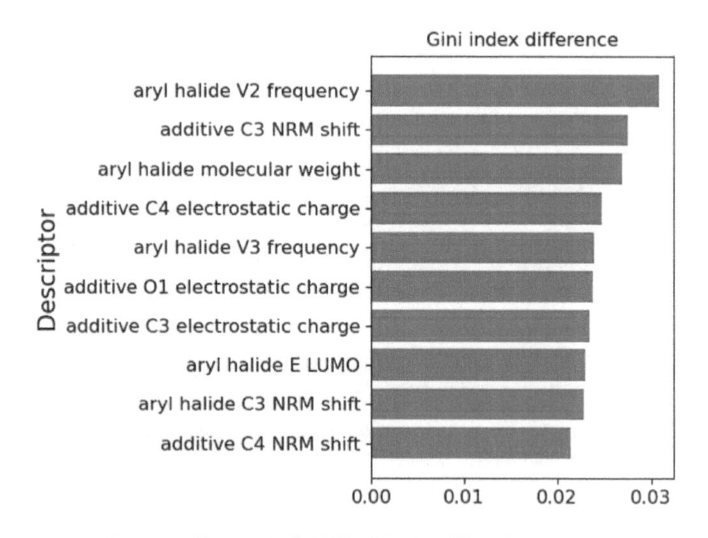

图 5-11　基于深度森林模型的特征描述符重要性排名

5.3.2 主要影响因素分析

为了进一步探究这些芳基卤化物和添加剂之间的关系，将这 10 个特征描述符之间的相关系数可视化为弦图，如图 5-12 所示，弦图中外圈的不同颜色代表不同的描述符，每种颜色的外圈越长，表示该描述符越重要，两种描述符之间的连线代表描述符之间的相关性，二者之间的连线越粗，表示两种描述符的相关性越强；反之，表示两种描述符的相关性越弱。

根据图 5-12 特征之间的连线观察添加剂之间的关系，可以看出，additive * C3 NMR shift 和 additive * C3 electrostatic charge 之间以及 additive * C4 NMR shift 和 additive * C4 electrostatic charge 之间具有很强的相关性，且添加剂的 C3 和 C4 处静电荷显著影响着 Buchwald-Hartwig 偶联反应的产率。主要原因在于添加剂作为一种富电子体系强烈影响反应结果，附加电子电荷描述了电子的富集程度，一般来说，添加剂的富电子度越高，产率越低。

观察芳基卤化物之间的关系，如图 5-12 所示，aryl halide V2 frequency、aryl halide V3 frequency 和 aryl halide E LUMO 三者之间存在相关性。这主要是因为当分子二聚或高聚时，两个分子的分子轨道之间的相互作用会引起最高占据分子轨道(Highest Occupied Molecular Orbital，HOMO)与最低未占分子轨道(Lowest Unoccupied Molecular Orbital，LUMO)的分裂，HOMO 与 LUMO 之间的能量差越小，分子越容易被激发。当分子之间发生相互作用时，每一个能级将会分裂成彼此能量相距很小的振动能级。因此当芳基卤化物的 LUMO 发生变化时，会导致振动频率的变化。

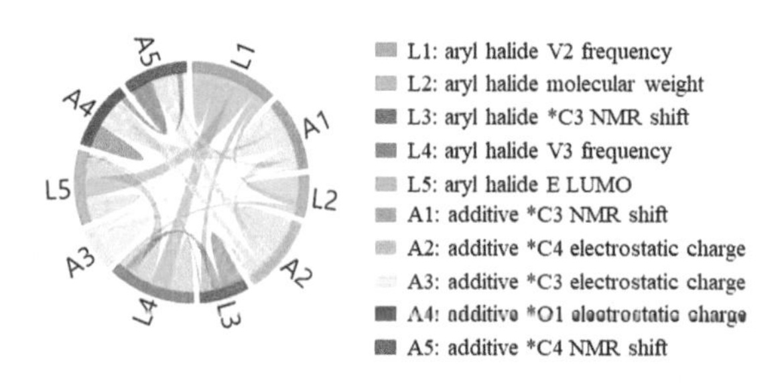

图 5-12　**特征描述符关系弦图**

为了探究主要影响因素的正负相关性，将 10 种特征描述符的皮尔逊相关系数可视化为热图。由图 5-13 可知，热图中的数值大小表示描述符之间的皮尔逊相关系数，其中 L1～L5 与 A1～A5 所代表的特征描述符同图 5-12。

忽略相关系数在－0.5 和 0.5 之间的特征描述符后，观察剩余的描述符发现，additive ＊C3 NMR shift 和 additive ＊C3 electrostatic charge 的相关系数为 0.87，additive ＊C4 NMR shift 和 additive ＊C4 electrostatic charge 之间的相关系数为 0.75。显然，添加剂上的 C3 和 C4 的静电荷和核磁共振位移均呈正相关，因此同一碳原子上的静电荷和核磁共振位移之间保持正相关。

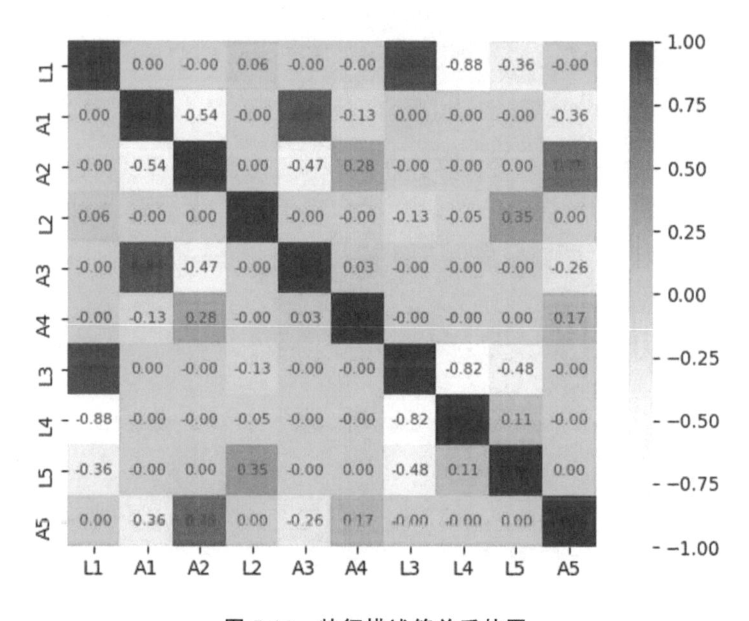

图 5-13　**特征描述符关系热图**

另外，aryl halide V2 frequency 和 aryl halide V3 frequency 之间的相关系数为

－0.88，说明芳基卤化物在不同振动模式下，振动频率的变化并不相同；aryl halide V2 frequency、aryl halide V3 frequency 与 aryl halide E LUMO 之间的相关系数分别为 0.93、－0.82，说明当芳基卤化物的 LUMO 能量发生变化时，芳基卤化物的振动频率虽然随之有较为强烈的变化，但频率大小改变的方向并不一致，此时取决于振动模式。

Buchwald-Hartwig 偶联反应提供了制备 C-N 键的高效方法，反应机理是首先，钯源生成零价钯[Pd(0)]进入催化循环；其次，零价钯配合物与亲电底物发生氧化加成反应，生成二价钯的过渡配合物；再次，与底物胺发生配合生成配合物，在碱的作用下脱去质子，形成芳香-钯-胺配合物；最后，发生还原消除，得到最终产物和具有催化活性的零价钯。

在对偶联反应产率进行预测的过程中，最具预测性的描述符包括添加剂上的 * C-3 核磁共振位移、* C-4 核磁共振位移和 * O1 静电荷，这些结果表明添加剂作为亲电试剂强烈影响反应结果，这与 N－O 键的氧化加成是有害的副反应性的来源是一致的，即亲电异恶唑添加剂可以作为有害副反应与 Pd(0)发生 N－O 氧化加成，导致 Buchwald-Hartwig 胺化的目标产率降低。

另外，Buchwald-Hartwig 偶联反应中包含的三种卤化物：溴代芳烃、氯代芳烃和碘代芳烃，均为亲电试剂(Electrophile)，其中，随着配体种类的发展，氯代芳烃和溴代芳烃这两类卤代烃是目前使用范围最广泛的亲电试剂。亲电试剂是一种在化学反应中具有亲电性的化学试剂，其包含一种能产生新的化合键的能量较低的空电子轨道。在 Buchwald-Hartwig 偶联反应中，亲电试剂能够与零价钯配合物发生氧化加成反应，生成二价钯的过渡态化合物，用于后续生成最终产物。因此，亲电试剂芳基卤化物和添加剂的附加电子性质在预测 Buchwald-Hartwig 偶联反应的产率中显得十分重要。

5.4 本章小结

本章首次将深度森林这种非神经网络形式的深度模型应用于 Buchwald-Hartwig 偶联反应产率的智能分类预测。通过对描述符进行逐层训练，有效地丰富了特征的信息。通过构建统计测度，从差异性检验、稀疏数据上的预测表现、时间复杂度分析和样本外预测几个方面对深度森林的预测结果进行了评估。实验结果表明，相较于传统的机器学习和深度学习，深度森林以更高的精度实现了

Buchwald-Hartwig 偶联反应产率的分类预测，且更加适用于大规模生产生活。为了探究影响偶联反应产率的主要因素，以基尼指数为测度对描述符的重要性进行评估。以此来探寻显著影响偶联反应产率预测的因素。通过分析主要影响因素与产率之间的关系，可以进一步辅助化学研究人员得到较高的反应产率。实验结果表明，芳基卤化物和添加剂是影响产率分类预测的主要因素，对提高 Buchwald-Hartwig 偶联反应的产率具有一定的参考价值。

6 基于 XGBoost 的有机合成预测

本章将基于第 2 章筛选得到的全面而简洁的特征描述符数据，从点预测的角度出发，利用 XGBoost 模型对化学反应的性能进行预测与分析。其中包括模型的优化求解、参数分析、收敛性分析、预测精度分析、可解释性分析和泛化性能分析。通过与其他先进的机器学习和深度学习方法的比较，证明了该模型更准确且高效。此外，通过样本外预测，证明了该模型的泛化性能。最后，利用 XGBoost 模型输出了特征的重要性排序，分析了特征描述符对产率预测的影响，并利用 SHAP 值[33]和反应条件的热图进一步分析了特征描述符和反应条件与产率之间的关系。这将为研究人员提供更多的决策信息。

6.1 基于 XGBoost 的反应产率预测模型构建及优化求解

大量的研究表明，人工智能模型在解决分类和回归问题方面具有较高的精度。神经网络模型所代表的一系列“黑盒子”模型，虽然有很强的预测性能，但只能输出最终结果，不能解释每个输入特征的贡献有多大。此外，这些模型都需要海量数据驱动，应用范围有所限制。集成树模型是人工智能模型中一种可以衡量特征重要性的模型，并在实践中证明了它可以有效地用于分类和回归任务的预测与分析。随机森林作为较先进的集成树模型，在分类、回归预测中能有较好的表现，但在某些噪声较大的分类、回归问题上会过拟合，执行数据也相对耗时。近年来，集成树模型发展迅速，基于正则化机器学习增强树模型的 XGBoost 在多个数据集上表现出良好的性能。由于训练速度快、效果好，既适用于大量数据的训练，也适用于小样本数据，目前已广泛应用于医药、金融、教育、制造等领域。

本章将基于 XGBoost 模型，从点预测的角度对预测与分析 Buchwald-Hartwig 偶联反应的反应性能构建模型。基于化学反应特征描述符数据，选择了符合其数据特点的损失函数来构建模型，并进行相应的优化求解。

XGBoost 以并行运算著称，它可以快速运行大规模数据；可自动优化分裂节点，擅长处理异常值和缺失值较多的无规则数据；可进行自主学习，模型具有可解释性和灵活性。其优化算法主要依靠的是一阶、二阶泰勒展开，优化求解过程如下：

由于 $\hat{y}_i=\sum_{k=1}^{K} f_k(x_i)=\hat{y}_i^{(t-1)}+f_t(x_i)$，则目标函数式(3-12)的 $L(\varphi)$ 可以转化为如下形式：

$$L^{(t)}=\sum_{i=1}^{n} l(y_i,\hat{y}_i^{(t-1)}+f_t(x_i))+\sum_{K}\Omega(f_K). \tag{6-1}$$

接下来，通过三个步骤优化 XGBoost 目标函数：

(1) 二阶泰勒展开，去除常数项，优化损失函数项。

其中令一阶导为 $g_i=l'(y_i,\hat{y}_i^{(t-1)})$，二阶导为 $h_i=l''(y_i,\hat{y}_i^{(t-1)})$，则二阶泰勒展开为：

$$l(y_i,\hat{y}_i^{(t-1)}+f_t(x_i))\approx l(y_i,\hat{y}_i^{(t-1)})+g_i f_t(x_i)+\frac{h_i}{2}f_i^2(x_i). \tag{6-2}$$

进一步的代入目标函数式(6-1)得 $L^{(t)}=\sum_{i=1}^{n}\left(l(y_i,\hat{y}_i^{(t-1)})+g_i f_t(x_i)+\frac{h_i}{2}f_i^2(x_i)\right)+\sum_{K}\Omega(f_K)$.

(2)正则化项展开，去除常数项，优化正则化项。

当第 $t-1$ 棵树的结构已经确定后，$l(y_i,\hat{y}_i^{(t-1)})$ 与 $\sum_{K=1}^{t-1}\Omega(f_K)$ 是一个常数项，可以移除。所以目标函数可以简化为：$L^{(t)}=\sum_{i=1}^{n}\left(g_i f_t(x_i)+\frac{h_i}{2}f_i^2(x_i)\right)+\sum_{K}\Omega(f_K)$，再将正则项进行拆分可得：

$$\sum_{K}\Omega(f_K)=\sum_{K=1}^{t}\Omega(f_K)=\Omega(f_t)+\sum_{K=1}^{t-1}\Omega(f_K)=\Omega(f_t)+C, \tag{6-3}$$

其中 C 为一常数。通过移除常数项，目标函数可以进一步化简为：

$$L^{(t)}=\sum_{i=1}^{n}\left(g_i f_t(x_i)+\frac{h_i}{2}f_i^2(x_i)\right)+\Omega(f_t). \tag{6-4}$$

(3) 合并一次项系数、二次项系数，得到最终目标函数。

在 XGBoost 的树结构中，对树的定义有叶分数(w)和叶索引($q(x)$)(叶索引：对应到元素在树中叶子的位置)。其中叶分数就是对应叶子节点的得分；叶索引就是所在叶子的位置。这里定义 $f(x)=w_{q(x)}$，其中 w 代表叶分数，$q(x)$ 代表叶索引，接着对叶节点进行分组，并代入目标函数。将属于第 j 个叶子节点的所有样本，划入一个叶子节点的样本集合中，数学描述为：$I_j=\{i\mid q(x_i)=j\}$，则可以将 $f_t(x_i)=w_{q(x_i)}$ 代入目标函数式(6-4)，可得：

$$L^{(t)}=\sum_{i=1}^{n}\left(g_i w_{q(x_i)}+\frac{h_i}{2}w_{q(x_i)}^2\right)+\gamma T+\frac{1}{2}\lambda\sum_{j=1}^{T}w_j^2. \tag{6-5}$$

再将所有的训练样本，按叶子节点进行分组可以得到：

$$L^{(t)}=\sum_{j=1}^{T}\left[(\sum_{i\in I_j}g_i)w_j+\frac{1}{2}(\sum_{i\in I_j}h_i+\lambda)w_j^2\right]+\gamma T. \tag{6-6}$$

最后合并一次项系数、二次项系数，定义：$G_j=\sum_{i\in I_j}g_i$，$H_j=\sum_{i\in I_j}h_i$，其中，G_j 代表叶子节点 j 所包含样本的一阶偏导数累加之和，是一个常数；H_j 代表叶子节点 j 所包含样本的二阶偏导数累加之和，是一个常数。将其代入目标函数可得：

$$L^{(t)}=\sum_{j=1}^{T}\left[G_j w_j+\frac{1}{2}(H_j+\lambda)w_j^2\right]+\gamma T. \tag{6-7}$$

通过构建一元二次方程形式，求最优目标值。已知目标函数为式(6-7)，则每个叶子节点 j 的目标函数为：$f(w_j)=G_j w_j+\frac{1}{2}(H_j+\lambda)w_j^2$，即是一个关于 w_j 的一元二次函数，且 $(H_j+\lambda)>0$，则 $f(w_j)$ 在 $w_j=-\frac{G_j}{H_j+\lambda}$ 处取得最小值，最小值为：$-\frac{1}{2}\frac{G_j^2}{H_j+\lambda}$。所以最终的目标函数为：$Obj=-\frac{1}{2}\sum_{j=1}^{T}\frac{G_j^2}{H_j+\lambda}+\gamma T$.

由于 XGBoost 模型最大的灵活性就在于其损失函数可以任意选择，只需满足二阶可导即可。因此本节通过实验，最终选择平方损失作为化学反应产率预测的损失函数，当损失函数为平方损失 $l(y_i,\hat{y}_i^{(t-1)})=(y_i-\hat{y}_i^{(t-1)})^2$ 时，模型优化求解具体为：

第一步，将

$$\begin{cases} l(y_i,\hat{y}_i^{(t-1)})=(y_i-\hat{y}_i^{(t-1)})^2, \\ g_i=l'(y_i,\hat{y}_i^{(t-1)})=-2(y_i-\hat{y}_i^{(t-1)}), \\ h_i=l''(y_i,\hat{y}_i^{(t-1)})=2. \end{cases} \tag{6-8}$$

代入式(6-2)则可以得到对应 $l(y_i,\hat{y}_i^{(t-1)}+f_t(x_i))$ 的二阶泰勒展开式：

$$l(y_i,\hat{y}_i^{(t-1)}+f_t(x_i))\approx(y_i-\hat{y}_i^{(t-1)})^2-2(y_i-\hat{y}_i^{(t-1)})f_t(x_i)-f_i^2(x_i). \tag{6-9}$$

第二步,当 $t-1$ 棵树的结构已经确定后,$l(y_i,\hat{y}_i^{(t-1)})$ 与 $\sum_{K=1}^{t-1}\Omega(f_K)$ 是一个常数项,可以移除,所以目标函数对应可以简化为:

$$L^{(t)}=\sum_{i=1}^{n}(-2(y_i-\hat{y}_i^{(t-1)})f_t(x_i)+f_i^2(x_i))+\Omega(f_t). \tag{6-10}$$

第三步,合并对应项系数可以得到:

$$L^{(t)}=\sum_{j=1}^{T}\left[(\sum_{i\in I_j}-2(y_i-\hat{y}_i^{(t-1)}))w_j+\frac{1}{2}(\sum_{i\in I_j}2i+\lambda)w_j^2\right]+\gamma T. \tag{6-11}$$

进一步地,定义 $G_j=\sum_{i\in I_j}g_i=\sum_{i\in I_j}-2(y_i-\hat{y}_i^{(t-1)})$,$H_j=\sum_{i\in I_j}h_i=\sum_{i\in I_j}2I(i\in I_j)$,则代入目标函数式(6-7),求最优值。即当:

$$w_j=-\frac{G_j}{H_j+\lambda}=\frac{\sum_{i\in I_j}2(y_i-\hat{y}_i^{(t-1)})}{\sum_{i\in I_j}2I(I\in I_j)+\lambda} \tag{6-12}$$

时,目标函数值最小,其中 $I(\cdot)$ 是示性函数。即对于化学反应产率的预测,其目标函数的最优解为:

$$Obj\_Chem=-\frac{1}{2}\sum_{j=1}^{T}\frac{G_j^2}{H_j+\lambda}+\gamma T=-2\sum_{j=1}^{T}\sum_{i\in I_j}\frac{(y_i-\hat{y}_i^{(t-1)})}{2I(i\in I_j)+\lambda}+\gamma T. \tag{6-13}$$

6.2 实验结果与分析

本章以第 2 章方法得到的 21 个关于 Buchwald-Hartwig 偶联反应的描述符数据作为模型的输入,从参数、收敛性、时间复杂度几个角度对模型进行了分析,并将本章引入的模型预测效果与其他先进的算法模型进行了对比,最后从模型的可解释性以及有效的样本外预测两方面说明了模型的有效性。

6.2.1 参数优化

XGBoost 模型中含有多个参数,为了选取更符合该 Buchwald-Hartwig 偶联反应数据特点的参数,本节利用十折交叉验证并结合网格搜索法,得到了模型的最佳参数。

在模型的多个参数中，学习率是很重要的一个参数，一般情况下 XGBoost 使用的都是静态学习率，即整个模型训练、预测过程中使用的学习率都是恒定的一个值。一个样本最终的预测结果是由每一轮学习器得到的结果乘以学习率之后的和，而模型中后续的学习器都是针对前一个学习器的误差进行训练预测的，由此可以发现，学习率的大小直接影响着模型的效果。事实上，该参数除了选取恒定的一个值，还可以使用“动态”的学习率，如：将学习率设置为在某一范围内是逐渐递减的，或者使用一个函数，使函数参数作为训练时的超参数，以此来获得训练时的“最佳”学习率。

BetaBoosting 是一种基于 Beta 概率分布函数针对 Boosting 算法中每个训练轮次分配不同的学习率的有效方法[34]。Beta 概率分布函数与其他许多函数相比有一个明显的优势是可以使用它来实现各种形状[35]，但该方法是否能得到好的结果仍需要通过实验来验证。本节将通过对比十折交叉验证结合网格搜索法得到的最佳学习率、递减的学习率以及 BetaBoosting 学习率，选取更合适的学习率参数。结果如图 6-1 所示。

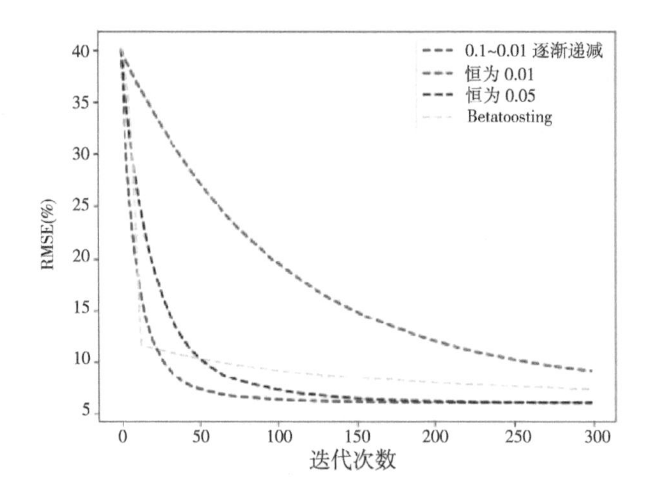

图 6-1　相邻迭代之间的迭代误差图

可以看到从 0.1～0.01 逐渐递减的学习率实际上达到误差的最小值速度较快，最终在迭代 200 轮左右，它遇到了对应于恒定 0.05 学习率的错误率。所以看起来 0.1～0.01 逐渐递减的学习率两全其美：可以很快收敛到接近最佳的测试准确度，还可以抵抗过拟合。接下来是恒定的学习率为 0.01，类似的，可以看到达到最低错误率需要更多轮的迭代；恒定学习率为 0.05 时，模型虽未在最短时间内达到最小误差，但与其他方法相比 0.05 的学习率也只是多迭代了 25 轮左右，最后和蓝色曲线一样在 200 轮左右达到最低误差并趋于稳定；而 BetaBoosting，虽然最早到达了转折点，然而之后随着迭代次数的增加，误差虽趋于稳定，但误差仍较大，并不是模型的最好结果。

综上，当学习率选取 0.1～0.01 逐渐递减的学习率以及恒定为 0.05 的学习率时，能得到最好的预测效果，还能抵抗过拟合。然而，考虑到模型在运行衰减学习率时需要耗费一定时间，而恒定的 0.05 虽增加了 25 轮左右的迭代次数，却在模型运行中时间代价更小，因此本章在运行 XGBoost 模型时，学习率整体选择的都是恒定的 0.05。

6.2.2 收敛性分析

XGBoost 模型的优化求解主要是基于泰勒展开推导的，这不同于传统的使用梯度下降算法的模型求解方法。在获得 XGBoost 对于 Buchwald-Hartwig 偶联反应数据最佳参数的基础上，本节分析了模型的收敛性。如图 6-2 所示，本节可视化了训练集与测试集在十折交叉验证下的平均均方根误差随迭代次数的变化情况。

由图 6-2 可见，无论是训练集还是测试集的误差曲线整体都是随着迭代次数的增加而呈下降趋势，当迭代步数达到 300 次左右时，误差基本趋于稳定，误差值也相对较低，且训练集与测试集间的误差也相差较小，这表明训练后的模型是收敛的。

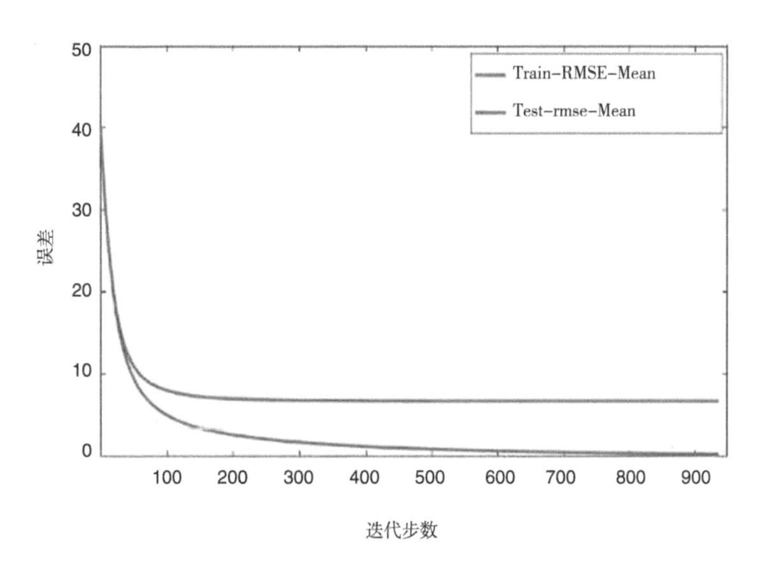

图 6-2　十折交叉验证下的平均均方根误差随迭代次数的变化

6.2.3 时间复杂度分析

时间复杂度可以看作是机器学习算法针对输入大小、执行速度快慢的度量。时间复杂度决定了模型的训练和预测时间。如果复杂度过高，则会导致模型训练和预测耗费大量时间，既无法快速地验证想法和改善模型，也无法做到快速的预测。时间复杂度总是相对于某些输入大小(例如：数据量为 n)给出的。机器学习算法的复杂性通常使用 O 表示法表示。O 表示法定义了算法的上限，它仅从上方限制函数。它的定义为：$T(n)=O(f(n))$ ，称函数 $T(n)$ 以 $f(n)$ 为界或者 $T(n)$ 受限于 $f(n)$ 。如果一个问题的规模是 n ，解这一问题的某一算法所需要的时间为 $T(n)$ ，则称 $T(n)$ 为这一算法的“时间复杂度”。

对于集成树模型 XGBoost，首先，需要知道一个算法基础：n 个元素的数组或者列表，快速排序的时间复杂度为 $O(n\log n)$ 。相关的符号表示如下：

d ：树的最大深度；

K ：树的总棵数；

m_i ：某第 i 特征列中非缺失值项的数；

$\| x \|_0$：训练数据中所有非缺失的项的和；

n ：特征列中的总个数，即训练数据总条数。

所以，一个包含缺失值的特征列的排序时间复杂度为 $O(m_i\log n)$ 。因为缺失项不参与排序，所以所有特征列的排序时间复杂度为 $O(m_1\log n + m_2\log n + \cdots) = O(\| x \|_0\log n)$ 。

6.2.4 预测精度分析

对于本书第 2 章筛选后得到的描述符数据，与其他方法相比，XGBoost 回归预测模型在数据量低的情况下仍然有更准确的预测结果。本节中每个模型的预测结果都是经过十次实验结果平均得到的。

本节采用的回归方法包括 K-近邻(K-Nearest Neighbor，KNN)、多层感知机回归(Multilayer Perceptron Regression，MLPR)、岭回归(Ridge Regression)、线性回归(Linear Regression)、自适应提升算法(Adaptive Boosting，AdaBoost)、梯度提升决策树(Gradient Boosting Decision Tree，GBDT)、决策树(Decision Tree)、极端随机树(Extra Tree)、随机森林(Random Forests，RF)、深度森林(Deep Forest，DF21)以及卷积神经网络方法(Convolutional Neural Networks，CNN)。但深度学习模型大多是黑盒子，无法解释和可视化模型的内部理论和训练条件，且深度学习

模型主要由数据驱动，对数据量有一定的要求，而本文筛选后得到的数据量较小，不能应用于 CNN，存在一定的局限性，因此本节在讨论 CNN 的预测精度时仍选用的是较大的数据量（源数据）。对比结果如图 6-3 所示，可以看到，对于筛选过后的数据，线性回归方法显然对于化学反应数据并不能进行很好的预测；一般的决策树、机器学习方法虽是非线性回归，但仍不能得到较为精确的预测结果；只有 XGBoost 与深度学习方法得到了较好的预测效果。而深度学习在训练预测过程中时间代价大（如表 6-1 所示）、数据量要求高，相比之下，XGBoost 近乎完美。

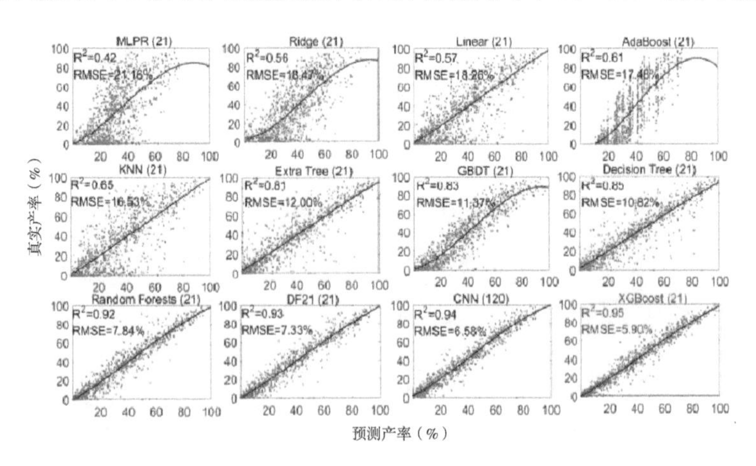

图 6-3　不同模型的预测结果（训练集为 70%，测试集为 30%）

事实上，本节进行了多种回归模型的实验，其中包括十分常用的支持向量机回归模型（Support Vector Regression，SVR），该模型对筛选后的 21 个描述符数据预测精度为 $R^2=0.54$，RMSE=18.54%，不具有代表性，因此本节未对此方法进行过多的解释。

XGBoost 算法的一个主要优点是比其他方法更高效，如表 6-1 所示。在相同的计算机配置下，XGBoost 的运行时间更短，对筛选后的描述符数据更有效（每次运行时间都是在相同配置下平均 10 次实验的结果）。其中，CNN 使用的数据为 120 个描述符的高维数据，而其他方法使用的数据均为经过本文第二章方法筛选过的 21 个描述符数据。

表 6-1 不同算法运行时间对比

方法	运行时间(秒)	方法	运行时间(秒)
MLPR	10.63	GBDT	5.67
Ridge Regression	5.25	Decision Tree	4.85
Linear Regression	5.10	Random Forests	5.41
AdaBoost	5.21	DF21	5.00
KNN	5.02	CNN	1748
Extra Tree	4.90	XGBoost	2.32

对于 XGBoost 模型可以发现,通过使用本文提出的基于重要性和相关性的特征描述符选择方法得到的 21 个描述符数据,可以比其他方法更高效地获得更好的预测结果。除此之外,如图 6-4 所示,对于筛选后得到的 21 个描述符,使用 XGBoost 模型训练只用 2.5%的反应数据来预测剩下的 97.5%的反应数据比图 6-3 中使用线性回归得到的预测结果更好,这也表明,对于少量和复杂数据的关系,集成树模型 XGBoost 算法在反应优化和预测结果的范围解析过程中效果更好。

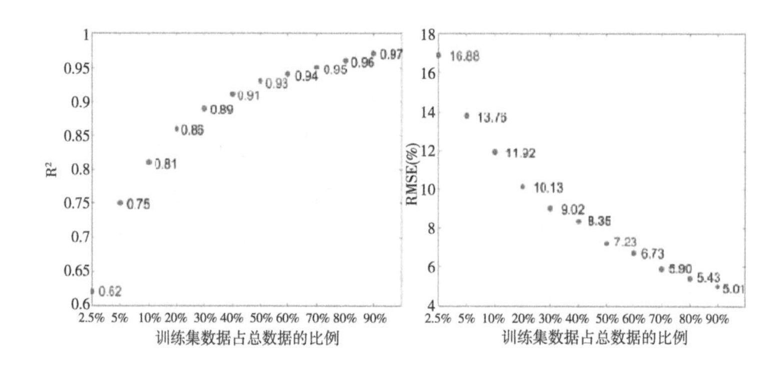

图 6-4 21 个描述符数据在 XGBoost 算法下不同比例训练数据的预测结果

在图 6-4 中也可以看到,当使用 21 个描述符数据的 50%的反应数据进行训练预测时,XGBoost 的预测效果就已经优于 Ahneman[36] 等人的预测结果了。在使用 21 个描述符数据中的 90%作为训练数据来预测剩余 10%的样本数据时,准确率甚至可达到 $R^2=0.97$,RMSE=5.01%。

由此可以说明,XGBoost 算法可以从少量数据中“学习”足够的信息,从而得到更好的预测结果。总之,利用 21 个描述符数据作为 XGBoost 模型的输入进行预测得到的精度高于原文献的预测效果。这也从侧面证明了,本书提出的基于重要性和相关性的特征描述符选择方法是有效的;利用该方法筛选得到的 21 个描述符数据是可以替代原始的高维数据的。

化学反应条件的选择直接影响着化学反应的产率，而高产率往往是研究人员更为关注的结果，因此如何选择和组合各个反应条件，使反应得到高产率是非常重要的。本节将以 XGBoost 模型为基础，对化学反应的产率类别进行分类预测，并进一步分析影响反应高产率的反应条件。

统计学中的分位数也称为分位点，是指将一个随机变量的概率分布范围分为几个等份的数值点，常用的有中位数(即二分位数)、四分位数、百分位数等。分位数的含义表示数据集从小到大排列后，数据子集在总样本集中占的比例，这为寻找数据异常值和观察数据分布提供了很好的基础[37]。本节根据分位数的统计概念，首先将反应产率划分为低产率(L，小于 0.25 分位数)、中产率(M，0.25～0.75 分位数)、高产率(H，大于 0.75 分位数)三类。然后，利用 XGBoost 分类预测算法预测 Buchwald-Hartwig 偶联反应产率的类别，结果如表 6-2 所示。从中可挖掘出影响低产率、高产率的因素，以此为研究人员寻找高产率对应的反应组合提供相应的决策信息。

通过对表 6-2 中结果的分析和比较，可以发现 f0、f13、f2、f7、f9、f14、f8、f3、f10 和 f1 的描述符是导致反应产率低的主要因素。f0、f2、f13、f7、f3、f9、f10、f11、f14、f8 的描述符是使得反应产率高的主要因素。通过分析可以发现 f0 的描述符名称为 additive_dipole_moment，高产率反应组合的 additive_dipole_moment 数值大于低产率反应组合。通过深入分析反应条件可以发现第 3 种添加剂对应的反应产率都普遍较高，对应的 f0 描述符的数值为 4.85，第 13 种添加剂对应的反应产率都较低，f0 描述符的数值为 2.70。因此，对于一种能参与 Buchwald-Hartwig 偶联反应的添加剂，additive_dipole_moment 值越高，就越有吸引力，也更容易促进反应。

表 6-2　XGBoost 分类预测结果

数据	准确率(%)	前十个重要的描述符
L，M，H yield	0.91	f0、f7、f13、f2、f9、f3、f14、f10、f11、f1
L，M yield	0.93	f0、f13、f2、f7、f9、f14、f8、f3、f10、f1
M，H yield	0.92	f0、f2、f13、f7、f3、f9、f10、f11、f14、f8

Additive_ * C4_NMR_shift 是 f10 的描述符名称。经分析，高产率反应组合的 additive_ * C4_NMR_shift 值有 81%集中在 89～100 之间，而低产率反应组合的 additive_ * C4_NMR_shift 值较为分散，有 50%的值大于 100。Additive_ * C3_electrostatic_charge 是 f9 的描述符名称，通过分析，高产率和低产率反应的每个

additive_ * C3_electrostatic_charge 的值虽较分散，但高产率对应的值相对较大。

因此，为了获得较高的反应产率，应尽可能选择化学性质较活跃的反应物，如碘化物或溴化物，并选择相应的具有较高的 dipole_moment 值的添加剂，类似于第 3、17、5、6 种添加剂，接着与任意 4 种配体、3 种碱基基底组合，结果会相对较好。

6.2.5 可解释性分析

对于模型的可解释性分析，与其他的树模型类似，本节可视化了 XGBoost 模型 21 个特征描述符的重要性。除此之外，本节还利用 SHAP 值模型[38]分析了特征描述符与产率之间的相关关系。特征重要性结果如图 6-5 所示，由图中可以看出描述符 aryl_halid_E_HOMO、additive_dipole_moment 和 ligand_ * C7_electrostatic_charge 在模型的预测中起着至关重要的作用。

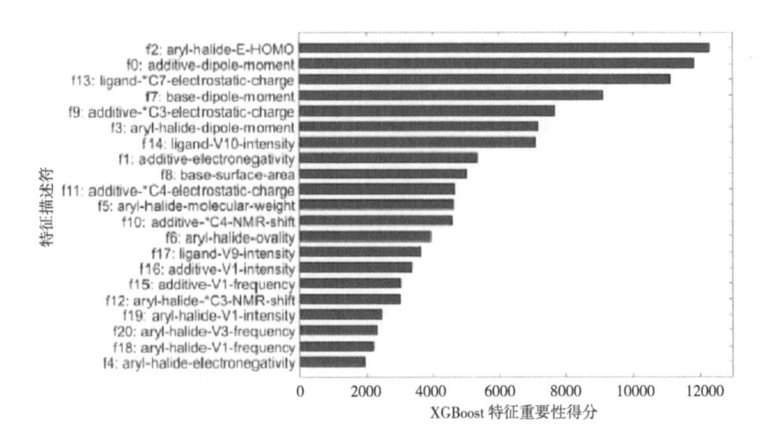

图 6-5 XGBoost 特征重要性得分

为了进一步了解模型计算过程中特征描述符对化学反应产率的相关性影响，本节计算了 SHAP 值。SHAP 值分析结果如图 6-6 所示，每一行代表一个特征的 SHAP 值。一个点代表一个样本，颜色代表特征值的大小，颜色越红，特征值越大，颜色越蓝，特征值越小。从图 6-6 可以看出，描述符 ayrl_halid_ * C3_NMR_shift 与化学反应产率 y 基本呈正相关，描述符的值越高，对应的反应产率值越高。Ayrl_halide_V3_frequency 对化学反应产率 y 也有显著影响，但与反应产率呈负相关，因为蓝点主要集中在右侧，红点主要集中在左侧，即描述符值越小，对应的反应产率 y 越大。类似的，其他特征也可以得到相应的结论。

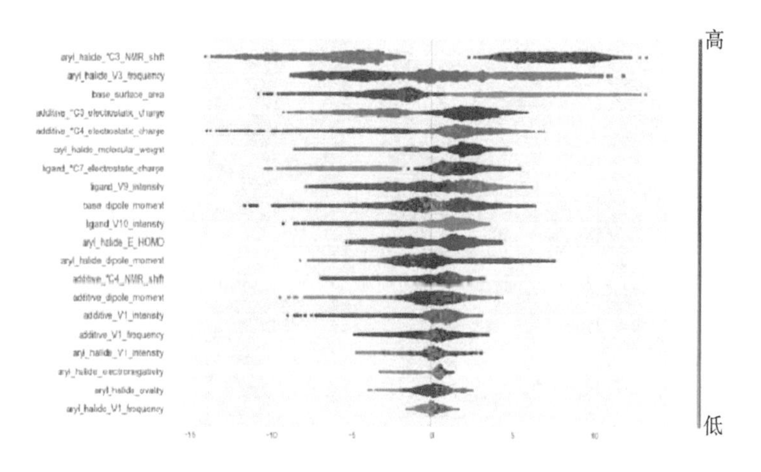

图 6-6　SHAP 值分析及其可视化

除此之外，本节也对 Buchwald-Hartwig 偶联反应部分类别数据中的高产率、低产率以及对应的反应组合进行热图可视化，如图 6-7 所示，该图包含了部分低产率和高产率反应组合的情况，其中每组热图左侧的第 1 列数字表示添加剂的类型，2～5 列分别是部分添加剂与 15 种卤化物、3 种碱基基底以及 4 种配体对应的反应组合，2～5 列热图上的数字表示对应的反应条件的数量。15 种卤化物、3 种碱基基底和 4 种配体，在热图中顺序从上至下，序号从小到大依次排列，序列号对应图 6-7 中的反应条件序号。空白区域表示对应的反应条件在此反应组合中不存在；颜色越深，对应的反应组合数量就越多，图中可以确定某一反应组合下反应产率的高或低。比如：低产率热图结果表明，第 13、8、11、10 种添加剂与反应物中的第 4、7 种卤化物，第 1、2 种碱基基底和第 1 种配体组合，得到的 Buchwald-Hartwig 偶联反应产率很低；第 20、22、3、18 种添加剂与第 1、4、7、13 种卤化物、所有的碱基基底、第 1、3、4 种配体结合的反应产率也较低。类似的，从高产率热图来看，第 3、17、5、6、21、9、16 种添加剂与第 8、9、10、11、12、14、15 种卤化物和所有的碱基基底以及第 2、3、4 种配体反应，产率较高。从图 2-1 的化学结构可以看出，对于卤化物而言，第 1、4、7、13 种卤化物中都含有氯(Cl)，且大部分都处于低产率范围；在高产率反应组合中，从数量上来看，编号为 9、12、15 的含碘(I)卤化物比编号 8、11、14 的含溴(Br)卤化物多。因此，可以得到反应物的反应活性关系为：碘化物＞溴化物＞氯化物，这与现有的研究结果是一致的[39]。

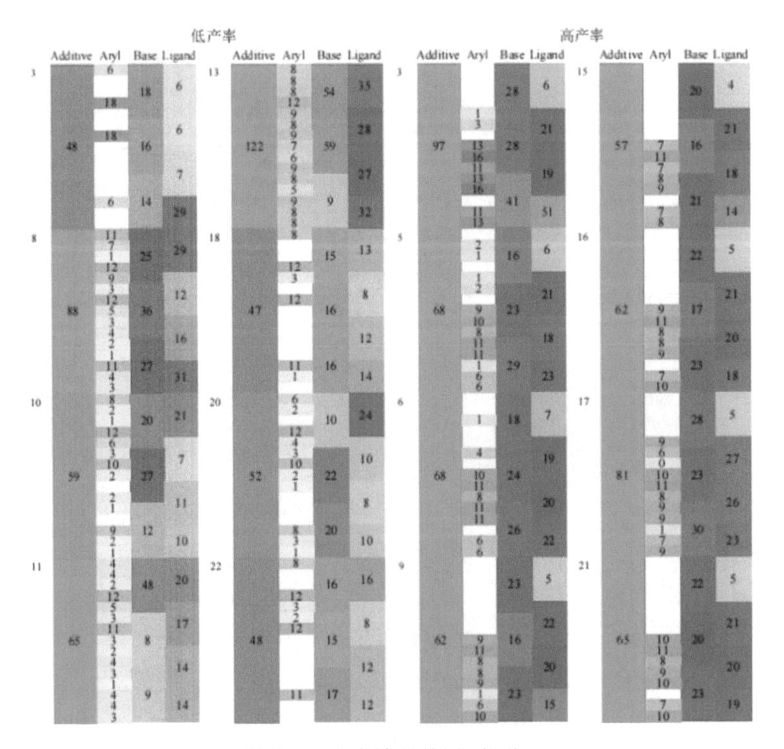

图 6-7　反应情况热图(部分)

6.2.6 泛化性分析

为了验证本章方法的泛化性能，本节进行了两个实验：一个是在同一数据集上进行的样本外预测实验，另一个是在其他偶联反应数据集上的预测实验。

1. 样本外预测

本节随机选择 5 种添加剂作为未知反应条件，并以剩余的已知反应条件作为训练数据，预测未知反应条件的产率。样本外预测添加剂的结构如图 6-8 所示。

样本外预测结果如图 6-9 所示。与基于源数据中随机森林[36]的样本外预测结果相比，XGBoost[40]具有较大的 R^2 和较小的 RMSE，说明该方法取得了更好的样本外预测效果。这足以证明本章的模型可以预测一种新的异恶唑或卤化物结构对 Buchwald-Hartwig 偶联反应结果的影响，并确定碱基和配体的组合以提供较高的产率。为了直观地展示样本外预测的效果，以第 18 个添加剂为例，样本外预测产率的实际值与输出预测值的比较如图 6-10 所示。可以看出，预测值与真实值之间的误差非常小，这也说明了本节的样本外预测的准确性。

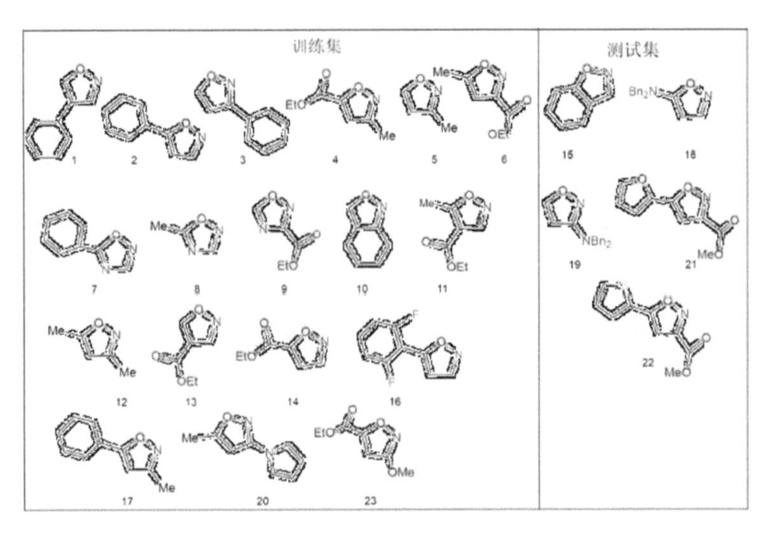

图 6-8　5 种样本外预测的添加剂结构示意图

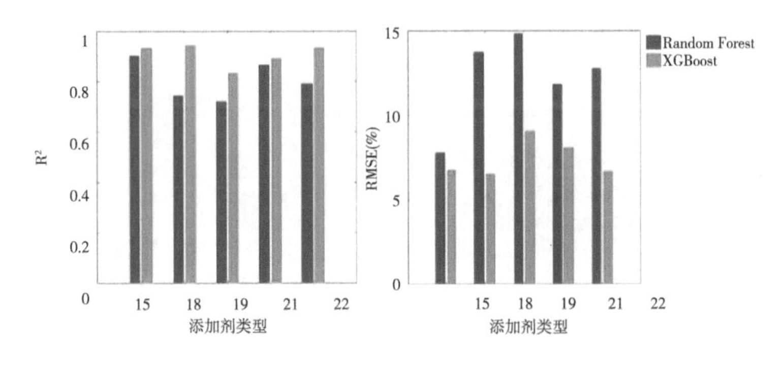

图 6-9　样本外预测结果

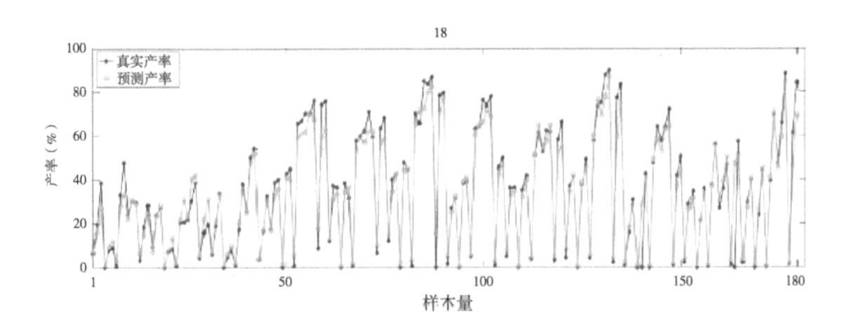

图 6-10　样本外预测可视化结果(以第 18 个添加剂为例)

2. 应用于其他的偶联反应数据

为了进一步证明本章引入方法的泛化性能，本节将在另一个偶联反应数据集上进行测试,即选择在公开的 Ni 催化交叉偶联反应数据[41]进行预测。该偶联反应数据中共包含 640 个反应样本和 23 个描述符,作者采用随机森林算法预测了该反应的产率,精度分别为 $R^2=0.93$ 和 RMSE=7.40%。应用本文引入的方法:通过基于重要性和相关性的特征描述符选择方法来筛选数据,将原有的 23 个描述符基于重要性筛选后得到的是 16 个描述符,进一步基于相关性进行第二阶段的筛选最后得到了 15 个描述符;然后使用 XGBoost 模型进行预测,实验结果如图 6-11 所示。与源数据中使用的复杂数据相比,本文的方法可以使用更少的特征数据和更高效的 XGBoost 算法获得更精确的预测结果。因此,本章的方法对其他偶联化学反应的数据也能有更好的预测结果。

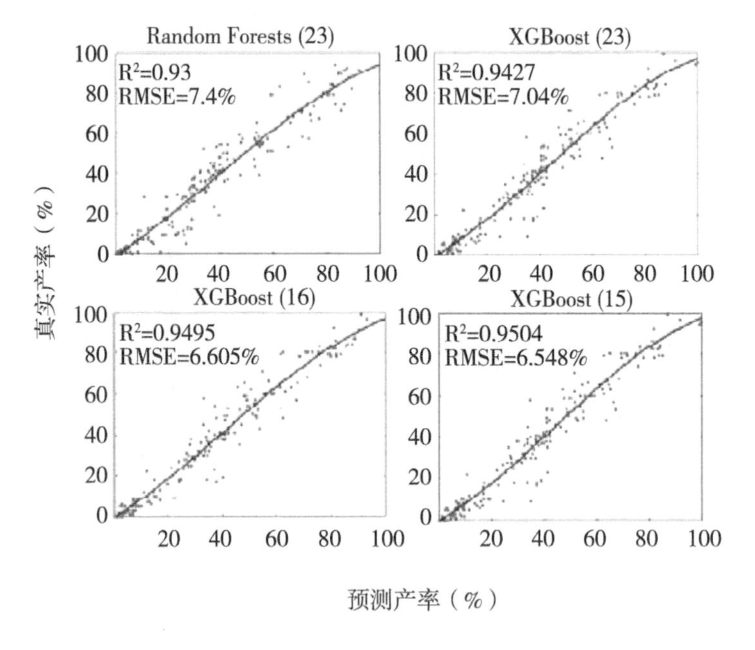

图 6-11　预测结果

6.3 本章小结

本章提出了一种基于可解释人工智能方法的偶联化学反应预测[42-43]与分析系统。一种正则化机器学习增强树模型 XGBoost 用于智能产率预测、反应条件的优化;一种辅助解释模型(SHAP 值模型)用于解释自变量与因变量的相关关系,两模型的结合为研究人员获得 Buchwald-Hartwig 偶联反应高产率的反应条件提供了一种更方便、可靠的方法。本章也从样本外预测和额外的偶联反应数据这两个方面分别进行实验，证明了本章所提出的智能预测与分析系统有着良好的泛化性能，且除了应用于 Buchwald-Hartwig 偶联反应外，也可以用于其他化学反应，这将大大缩短化学反应的研究进程。

7 基于拓扑数据分析和 LightGBM 的有机化学合成智能分析

高通量偶联反应产率智能预测与分析是有机化学合成领域有意义且有挑战性的研究热点之一，然而，现有的方法侧重于智能预测，而不是研究和解释反应条件与产率之间的内在关系。因此，本章基于第 2 章筛选得到的全面而简洁的特征描述符数据，提出了一种基于拓扑数据分析（Topological Data Analysis，TDA）的方法[44]，旨在深入挖掘反应条件与产率之间的内在关系，获得高产率的反应条件和组合。此外，为了在提高模型精度的同时提高模型的效率，引入了一种具有更快训练速度、更低内存消耗、更高准确率的机器学习模型——LightGBM（Light Gradient Boosting Machine）。为了更进一步增强 LightGBM 模型的性能，引入了分层多样性采样策略。实验结果表明：本章所提出的 OCS－TGBM 模型对高通量有机化学合成的反应性能分析和预测优于其他方法，为反应体系的优化设计和反应条件评价提供了智能辅助。

7.1 基于拓扑数据分析的高维数据隐藏信息挖掘模型构建

2000 年，Edelsbrunner 等人提出了拓扑数据分析（Topological Data Analysis，TDA）模型，顾名思义，就是把拓扑学与数据分析结合的一种用于深入研究大数据中潜藏的有价值的关系的方法。该方法可以与 LightGBM 模型相结合，在较好的预测模型下，深层次分析反应条件与产率之间的关系。

TDA 的一般性目的是从高维数据中提取有效信息，按机器学习观点属于无监督学习和特征学习。其分析过程不会引起信息的损失，且被认为对缺失样本和噪声样本稳定。由于 TDA 的分析对象是独立于度量的拓扑学特征（按一般用语可表述为“抽象的形状”“点与点之间的关系”），因此 TDA 能够整合并协同分析不同度量（坐标）下的数据集。TDA 结合了代数拓扑和纯数学的其他工具，可以对“形状”进行数学上严谨的研究，TDA 的独特功能使其在数据分析和挖掘的研究领域具有广阔的潜力，可以广泛地探索和理解复杂的高维数据空间，主要方法包括持久同源性和 Mapper 算法，Mapper 帮助数据分析人员总结并可视化复杂的数据集，提供对数据直观的洞察。

7.1.1 Mapper 算法

高维数据无法直接可视化，虽然科学家已经发明了许多方法来从数据集中提取低维结构，例如主成分分析（Principal Components Analysis，PCA）、K-Means[45−46]、T-SNE[47]（T-Distribution Stochastic Neighbour Embedding）、UMAP[48−49]（Uniform Manifold Approximation and Projection）等方法，然而这些方法在处理高维数据时并没有良好的表现。Singh 等人于 2007 年提出了一种称为 Mapper 的数学工具，它应用拓扑领域的最新发展来识别数据集的形状特征，不仅可以展示集群、变量之间的关系，而且可以获得高维数据结构的更高水平理解。

Mapper 算法是通过一个映射 $f:X\rightarrow G$ 将数据集的拓扑结构总结到一张图上，是一种从数据构建图形的方式，它揭示了高维数据空间的拓扑特征，能够估计数据底层空间的重要连接方式，在可视化拓扑图中进行数据挖掘和探索，适用于任何简单或复杂数据，而且非常灵活。Mapper 可以对数据进行可视化或聚类，是一种生成数据可视化表示的无监督方法，通常可以揭示其他方法无法获得的数据的新见解和新发现，数据分析人员就可以使用它来探索复杂高维数据集的结构和拓扑性质。

Mapper 算法分为顺序 Mapper 算法和分布式 Mapper 算法，其中分布式 Mapper 算法应用较为广泛。为了确保分布式 Mapper 算法的输出与顺序 Mapper 算法的输出相同，需要进行一些覆盖预处理以获得最终的 Mapper 输出。

对于覆盖预处理：首先构建一个$[a,b]$的 N 链覆盖，$[a,b]$由 N 个开区间 A_1，A_2，…，A_N 所覆盖，当$|i-j|=1$ 为空集时，$A_{i,j}:=A_i\cap A_j\neq\varnothing$。然后对于每个开放的集合 A_i 构造一个开放的覆盖 U_i，$\{U_i\}_{i=1}^{N}$ 覆盖满足以下条件：

（1）$A_{i,i+1}$ 是覆盖 U_i 和 U_{i+1} 的开集，即 $U_i\cap U_{i+1}=\{A_{i,i+1}\}$；

（2）若 $U_i\in u_i$ 和 $U_{i+1}\in u_{i+1}$ 使得 $U_i\cap U_{i+1}\neq\varphi$，则对每个 $i=1,2,\cdots,N-1$，有 $U_i\cap U_{i+1}=A_{i,i+1}$；对$\{A_i,U_i\}_{i=1}^{N}$ 的集合，其中$\{A_i\}_{i=1}^{N}$ 是$[a,b]$的 N 链覆盖，U_i 是 A_i 的覆盖。

顺序式 Mapper 算法：设一个有限 $f(X)$的覆盖 $u=\{U_1,U_2,\cdots,U_k\}$，首先对于每个集合 $X_i=f^{-1}(U_i)$，它的簇 $X_{i,j}\subset X_i$ 是通过聚类算法计算的。然后每个聚类都被

视为 Mapper 图中的顶点，如果 $X_{ij} \cap X_{kl} \neq \varnothing$，就在 X_{ij} 和 X_{kl} 之间插入一条边。

分布式 Mapper 算法：考虑 N 链覆盖 $A_1, A_2, \cdots, A_N$ 间隔的一个$[a,b]$以及它们的覆盖 $u_1, u_2, \cdots, u_N$。在完成覆盖的预处理并获得集合$\{A_i, U_i\}_{i-1}^{N}$之后，将每对(A_i, U_i)映射到特定处理器 P_i，该处理器 P_i 通过 f 将确定点的集合 $X_i \subset X$ 映射到 A_i 并且在覆盖$(f|x_i) * (u_i)$，$(i=1,2,\cdots,N)$上同时运行顺序式 Mapper 算法构造，获得 N 个图 $G_1, G_2, \cdots, G_N$，若 $N=1$，则 $G_1, G_2, \cdots, G_N$ 返回图 G_1。设 $C_{j1}^i, C_{j2}^i, \cdots, C_{ji}^i$ 是从 $f^{-1}(A_{i,i+1})$获得的簇。通过选择覆盖 u_i 和 u_{i+1}，这些簇由 G_i 和 G_{i+1}（每个 v_k^i 对应簇 C_k^i）中的顶点 $v_{j1}^i, v_{j2}^i, \cdots, v_{ji}^i$ 表示，最后通过构建 $A_{i,i+1}, u_i$ 和 u_{i+1}，每一个 $f^*(u_i)$和 $f^*(u_{i+1})$共用一个在 $f^*(A_{i,i+1})$中的簇 C_{jk}^i，因此 C_{jk}^i 是由在图 G_i 和 G_{i+1} 中的一个向量表示，合并时通过考虑不相交的联合图 $G_1 \cup G_2 \cup \cdots \cup G_N$，然后取这个图的商来确定 G_i 和 G_{i+1} $(1 \leq i \leq N-1)$中的相应顶点，从而将子图 $G_1, G_2, \cdots, G_N$ 合并为一个图 G。

7.1.2 拓扑数据分析原理

TDA 的主要步骤如下：

(1) 用一个滤波函数对每个数据点计算一个滤波值。这个滤波函数可以是数据矩阵的线性投影，比如 PCA；也可以是距离矩阵的密度估计或者中心度指标，比如 L-infinity（L-infinity 的取值是该点到离它最远的点的距离，是一个中心度指标）。本文选择 L-infinity 作为滤波函数：

$$\text{L-infinity} = \max_{j=1,\cdots,len(d)} \sqrt{\sum_{k=d_{[j][0]}}^{d_{[j][20]}} \sum_{l=d_{[i][0]}}^{d_{[i][20]}} (k-l)^2}, \tag{7-1}$$

其中，d 为原始数据，$len(d)$表示样本量，n 表示特征个数，$d_{[j]}$表示第 j 个样本，$d_{[j][0]}$表示第 j 个样本的第 1 个特征。

(2) 数据点按照其滤波值，从小到大被分到不同的滤波值区间里。但需要注意的是，相邻的滤波值区间设置有一定的重叠区域，也就是重叠区域的点同时属于两个区间。即在这里由两个分辨率参数（N 个间隔和 p 个重叠百分比）确定了 N 个相等长度的间隔的集合。

(3) 对每个区间里的数据进行聚类。在这里我们使用单链接聚类对每个组进行聚类。设 N 为箱子里的点数。我们首先为 bin 中的数据构建单链接树状图，并记录聚类中每个转移的阈值。我们选择一个整数 K，并建立这些过渡值的 K-区间直方图。使用直方图中第一个间隙之前的最后一个阈值进行聚类。请注意，K 值越大产生的聚类越多，K 值越小产生的聚类越少。

(4) 把上一步骤中各区间聚类得到的小类放在一起，每一个小类用一个大小不同的圆表示。若 2 个类之间存在相同的原始数据点（这就是区间需要相互重叠的原因），则在它们之间加上一条边。

7.2 基于 LightGBM 的产率预测模型构建

LightGBM 的提出主要是为了提升 GBDT 在处理海量数据时的性能，基于直方图的决策树算法以及分布式处理，使得 GBDT 可以更好、更快地应用于工业、医疗等大数据分析。

GBDT 算法的目标是优化损失函数 $L(\varphi)=\sum l(\hat{y}_i, y_i)$。其思想是迭代生成多个弱模型，然后将每个弱模型的预测结果加起来。后一种模型 $f_t(x)$ 是基于前一个学习模型 $f_{t-1}(x)$ 的效果生成的，假设一个 GBDT 模型中包含了 K 个弱学习器，设 α，β 为分类器的参数，则有：

$$\hat{y}_i=\sum_{k=1}^{K} f_k(x_i)=\hat{y}_i^{(t-1)}+f_t(x_i;\alpha_t). \tag{7-2}$$

从而 GBDT 的目标函数 $L(\varphi)=\sum l(\hat{y}_i, y_i)$ 可以转化为如下形式：

$$L^{(t)}=\sum_{i=1}^{n} l\left[y_i, \hat{y}_i(t-1)+f_t(x_i;\alpha_t)\right]. \tag{7-3}$$

接下来，通过一阶泰勒展开、去除常数项、优化损失函数项来优化 GBDT 目标函数，令一阶导为 $g_i=l'(y_i, \hat{y}_i^{(t-1)})$，则一阶泰勒展开为：

$$l(y_i, \hat{y}_i(t-1)+f_t(x_i))\approx l(y_i, \hat{y}_i(t-1))+g_i f_t(x_i;\alpha_t). \tag{7-4}$$

进一步代入目标函数(7-3)得 $L^{(t)}=\sum_{i=1}^{n}\left[l(y_i, \hat{y}_i(t-1))+g_i f_t(x_i;\alpha_t)\right]$。在此处，我们发现 $l(y_i, \hat{y}_i(t-1))$ 是上一步对应的损失，如果在此处，我们令 $f_t(x_i, \alpha_t)=-g_i=-l'(y_i, \hat{y}_i^{(t-1)})$，则可以保证，上式后面的部分减去的一定是一个正数，所以这样取负梯度，可以使得损失 步 步的降低。从而使目标函数达到最小的参数：

$$\beta_t, \alpha_t=\operatorname{argmin}\sum_{i=1}^{n}\left[l(y_i, \hat{y}_i(t-1))+g_i f_t(x_i;\alpha_t)\right]. \tag{7-5}$$

其中，β_t，α_t 是使得上一步的模型 $f_{t-1}(x)$ 的损失函数下降最快的方向的参数，也是要得到模型 $f_t(x)$ 的方向的参数，因为 $f_{t-1}(x)$ 的损失函数下降最快的方向是 $-g_i=-l'(y_i,\hat{y}_i^{(t-1)})$，所以用最小二乘法得到 α_t,β_t：

$$\alpha_t=\operatorname{argmin}\sum_{i=1}^{n}[-g_i-g_if_t(x_i;\alpha)]^2, \tag{7-6}$$

$$\beta_t=\operatorname{argmin}\sum_{i=1}^{n}[l(y_i,\hat{y}_i(t-1))+g_if_t(x_i;\alpha_t)], \tag{7-7}$$

于是，可以得到最终模型：

$$f_t(x)=f_{t-1}(x)+\beta_tf_t(x;\alpha_t). \tag{7-8}$$

在 GB(Gradient Boosting)基础上，LightGBM 提出一些优化特点，比如：采取直方图优化算法，将特征值分为很多个小桶，直接通过这些桶进行计算并寻找分类，可以减小计算和存储成本，而且使用直方图进行粗略地分割也有正则化的效果，可以有效地防止过拟合；比如：没有采用大多数 GBDT 工具所使用的按层生长(level-wise)的决策树生长策略，而是采用了带深度限制的按叶子(leafwise)生长的策略，从当前所有叶子中，找到分裂增益最大的叶子进行分裂，循环进行，比平等对待同层叶子分裂的策略来得更加高效，而且深度限制可以有效防止过拟合。

LightGBM 原理核心是 GOSS 算法和 EFB 算法。提升树是利用加模型和前向分布算法实现学习的优化过程，GBDT 建立决策树的时候拟合的是负梯度，它在计算信息增益的时候需要扫描所有样本，从而找到最优的划分点。LightGBM 则通过 GOSS 算法和 EFB 算法解决了这个问题。

GOSS 算法试图从减少样本的角度解决这个问题。通过对数据梯度绝对值排序，保留所有 a 个较大梯度的实例，设为数据子集 A；并对剩下的小梯度实例随机采样 b 个实例，设采样获得的为数据子集 B，通过基于梯度采集到的样本来计算信息增益，可以大大减少计算量，且保证一定的精度。

EFB 算法则是通过捆绑互斥特征实现降维，比如：对于 one-hot 编码的特征，特征不会同时为非零值，将这些互斥的特征进行捆绑，并将捆绑的特征合并构建成与单个特征等效的特征直方图，从而减少计算成本。

最后，由于基于直方图的算法存储的是离散的容器而不是连续的特征值，所以可以通过让独占的特征驻留在不同的容器中来构建特征束，即通过向特征的原始值添加偏移量来实现，这就是 LightGBM 的排他特征。通过上述的解决方法，EFB 算法可以将大量的排他特征捆绑到数量少得多的密集特征上，有效地避免了对零特征值进行不必要的计算。

7.3 分层采样策略

可以发现，大部分研究者在实验时，是通过随机采样来进行训练集和测试集的划分的，这很可能会陷入某一类的样本被完全分在了测试集中，从而导致预测结果较差的现象，而分层抽样能够提高样本的代表性，但是分层抽样在每一层中还是通过随机采样来划分训练集和测试集的，所以我们又引入了主动学习策略多样性采样，即本小节引入了分层多样性采样来增强模型的泛化性能。

分层多样性采样基本思想如下：

(1) 根据 TDA 聚类结果，将数据分成若干层(若干类)，对于每一层，随机选取本层 10％的数据集作为标记集，其余 90％为未标记集；

(2) 计算未标记数据与所有标记数据的余弦相似度，$\cos(\theta)=\frac{\sum_{k=1}^{n} x_{1k}x_{2k}}{\sqrt{\sum_{k=1}^{n} x_{1k}^{2}}\sqrt{\sum_{k=1}^{n} x_{2k}^{2}}}$，其中 x_{1k} 为标记数据，x_{2k} 为未标记数据；

(3) 对未标记集按照上述相似度升序排序；

(4) 选择排名前 m 个数据集添加到标记集合中，并从未标记集合中剔除这 m 个数据集；

(5) 重复步骤(2)～步骤(4)，直到标记集超过数据集的 n％，然后将两层的标记集和未标记集分别合并，标记集(总数据 * n％)为训练集，未标记集(总数据集 *(100％－n％))为测试集进行模型训练预测。

7.4 实验结果与分析

在这一部分，我们通过 TDA 和多因素方差分析的方法分析了影响高产率的化学反应条件，利用筛选后的 21 个特征描述符数据[50-51]测试分析了 LightGBM 模型[52]的收敛性和预测精度，然后通过分层多样性采样策略来增强 LightGBM 模型的性能，并通过样本外预测和折外预测验证了 LightGBM 模型的泛化能力。参数分析需要选取的参数有两个部分：

(1) 在拓扑数据分析中，相邻的滤波值区间设置一定的 interval 和 overlap，并设置合适的单链接聚类直方图间隔数(K)；

(2) 通过网格搜索与十折交叉验证选取 LightGBM 模型中的各参数。

7.4.1 反应条件与产率的相关性分析

化学反应条件的选择直接影响化学反应的产率,因此如何选择结合反应物与反应条件是非常重要的。为了深层次的挖掘 Buchwald-Hartwig 偶联反应数据中的内在联系、推断可能存在的高产率反应条件,本节基于 TDA 和多因素方差分析,对化学反应的产率类别进行聚类可视化,进一步对影响反应产率的反应条件进行分析。

1. 基于 TDA 的反应条件与产率的分析

聚类算法是一种重要的数据挖掘算法,应用较为广泛的聚类方法有主成分分析(Principal Components Analysis, PCA)、K-Means、t-SNE(t-Distribution Stochastic Neighbour Embedding)[53]、UMAP(Uniform Manifold Approximation and Projection)[54]等。PCA、K-Means 这些算法在处理小规模数据时能得到较好的结果,但对于大规模数据就很难得到有意义的聚类结果。TSNE、UMAP 虽然可以在大规模数据上有好的结果,但对于参数的选择比较敏感。而 TDA 可以有效地应用于聚类分析,且对大规模和小规模的数据模式都很敏感,这些模式通常无法被其他分析方法检测到,更进一步的 TDA 还能利用拓扑方法捕获数据的几何特征。

在统计学中,分位数是以概率作为依据将一批数据分开的那个点。分位数的意义表示一个数据集由小到大排列后小于某一值的数据子集在整个样本集中所占的比例,为发现数据异常值和观察数据分布提供了良好的依据。本文根据分位数的统计概念,将反应产率分为低产率(Low Yield,小于 0.5 分位数,即小于样本中位数 28.76173)和高产率(High Yield,大于 0.5 分位数,即大于样本中位数 28.76173)两类。然后利用 TDA 聚类分析,为研究人员提供相应的决策信息。

实验表明,TDA 可以得到比标准的主成分分析、K-Means、t-SNE、UMAP 等聚类分析方法更详细的样本分层结果。结果如图 7-1 所示,显然 K-Means、PCA、TSNE 和 UMAP 这些方法都不能将 Buchwald-Hartwig 偶联反应数据进行有效分类。

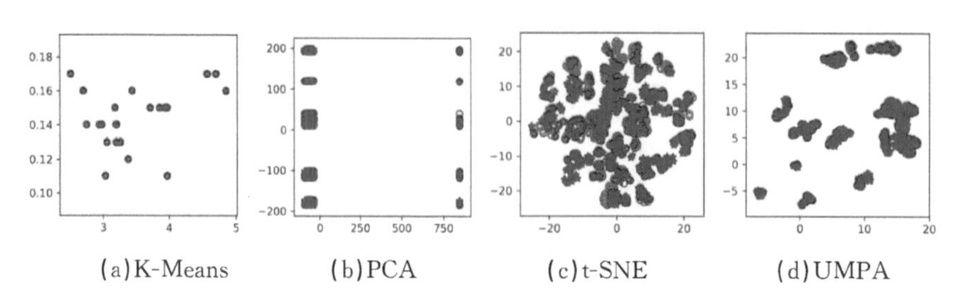

(a)K-Means　(b)PCA　(c)t-SNE　(d)UMPA

(A)K-Means、PCA、t-SNE 和 UMAP 的聚类可视化

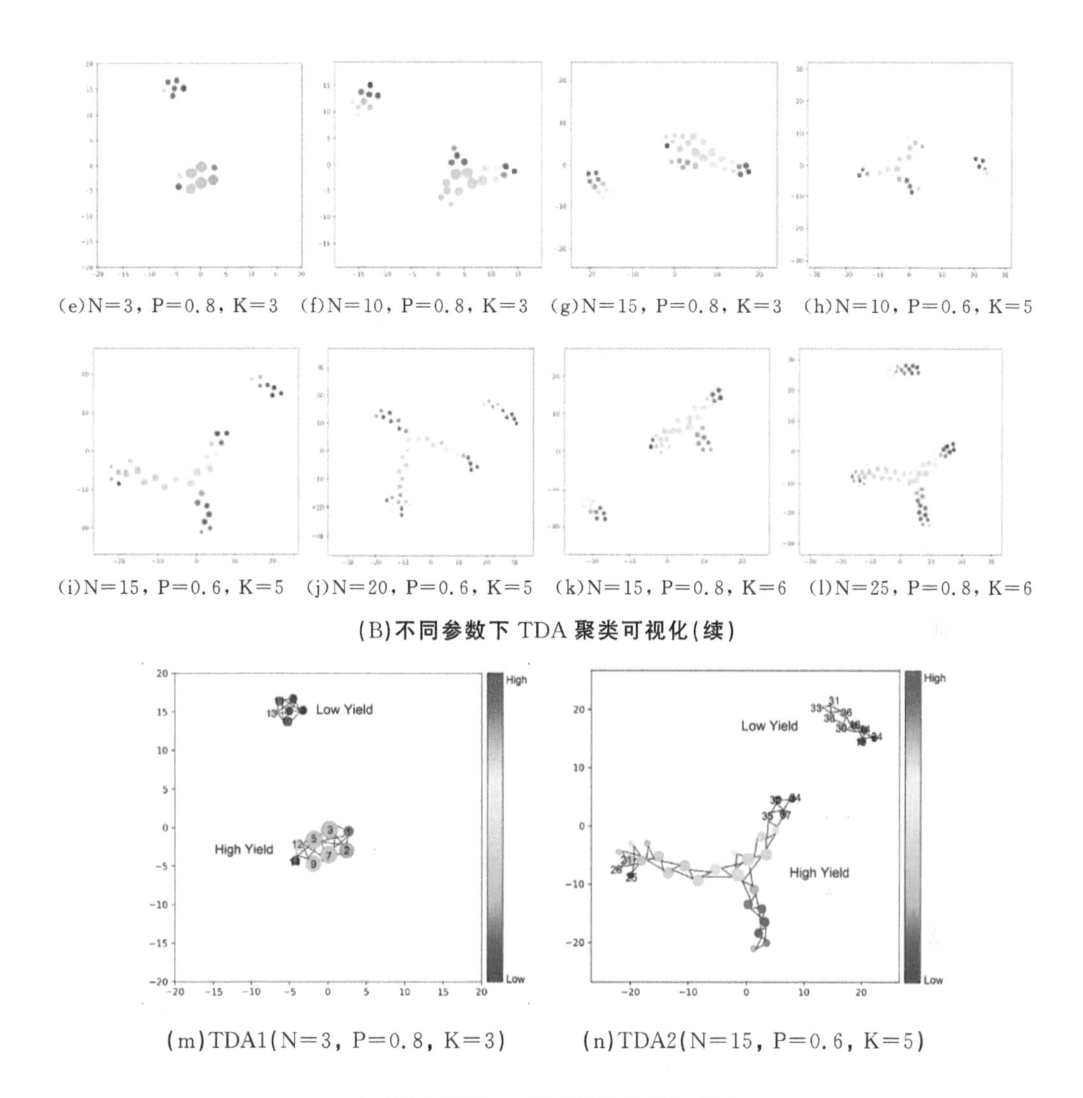

(e)N=3, P=0.8, K=3 (f)N=10, P=0.8, K=3 (g)N=15, P=0.8, K=3 (h)N=10, P=0.6, K=5

(i)N=15, P=0.6, K=5 (j)N=20, P=0.6, K=5 (k)N=15, P=0.8, K=6 (l)N=25, P=0.8, K=6

(B)不同参数下 TDA 聚类可视化(续)

(m)TDA1(N=3, P=0.8, K=3) (n)TDA2(N=15, P=0.6, K=5)

(C)随机选取(B)中两组进行详细分析

图 7-1 聚类可视化结果

TDA 中,一个圆代表一簇,圆的大小表示所含样本量的多少,圆越大该簇中所包含的样本量越多;圆颜色的深度代表簇中样本标签的均值(此处为产率均值),圆颜色越深标签均值越大;簇与簇之间距离越近,表明内部样本之间联系越紧密,或者说簇之间更相似;由图 7-1(B)可以看出,当设置的参数不同时,可视化结果也大不相同,为此我们随机选取了 2 组不同的参数进行实验对比分析。

通过对图 7-1[C(m)]中每一簇样本的分析发现:

(1) 上方 6 簇为低产率样本组合,(除第 13 号簇外,其余簇产率均值均小于中位数 28.76173),而 13 号簇仍被分在低产率中,是因为其对应的反应条件有潜在的成为低产率的情况。下方 8 簇为高产率样本组合(除第 1 号簇外，其余产率均值均大于中位数 28.76173)，而 1 号簇仍被分在高产率中，是因为其对应的反应条件有潜在的成为高产率的情况。

(2) 14 号簇对应的产率的均值 66.71 是最高的，其中只有 6 个低产率的样本，这 6 例反应是第 14 号簇与第 5、7、9、12 号簇的重叠样本，这几个样本对应的反应条件中反应物卤代基烃都只含有较为活泼 15 号碘化物。

表 7-1　图 7-1(m)和图 7-1(n)的详细分析

<table>
<tr><th></th><th></th><th colspan="2">簇</th><th>簇产率均值
VS 样本中位数
(28.76173)</th><th>反应条件</th></tr>
<tr><td rowspan="4">(m)
TDA1
(N=3，
P=0.8，
K=3)</td><td rowspan="2">上方簇</td><td colspan="2">4，6，8，10，
11 号簇</td><td>＜ 28.76173</td><td rowspan="2">均只含有 5 号卤化物，且低产率样本中均不含有 17 号添加剂</td></tr>
<tr><td colspan="2">13 号簇</td><td>＞ 28.76173</td></tr>
<tr><td rowspan="2">下方簇</td><td colspan="2">1 号簇</td><td>＜ 28.76173</td><td rowspan="2">均不含有 5 号卤化物，且高产率样本均不含有 5，7 号卤化物，其中 7 号为氯化物，相较于碘和溴化物，氯化物反应性能较不活泼(反应物的反应活性关系为：碘化物＞溴化物＞氯化物)</td></tr>
<tr><td colspan="2">2，3，5，7，9，12，
14 号簇</td><td>＞ 28.76173</td></tr>
<tr><td rowspan="6">(n)
TDA2
(N=15，
P=0.6，
K=5)</td><td rowspan="2">上方簇</td><td colspan="2">14，16，19，24，
30，36 号簇</td><td>＜ 28.76173</td><td rowspan="2">均只含有 5 号卤化物，且低产率样本中均不含有 17 号添加剂</td></tr>
<tr><td colspan="2">31，33，38 号簇</td><td>＞ 28.76173</td></tr>
<tr><td rowspan="4">下方簇</td><td colspan="2">Y 型上臂</td><td>＞ 28.76173</td><td rowspan="4">均不含有 5 号卤化物，且高产率样本均不含有 5，7 号卤化物，其中 7 号为氯化物，相较于碘和溴化物，氯化物反应性能较不活泼(反应物的反应活性关系为:碘化物＞溴化物＞氯化物)</td></tr>
<tr><td colspan="2">Y 型下臂</td><td>＜ 28.76173</td></tr>
<tr><td rowspan="2">Y 型尾巴</td><td>21，25，
26 号簇</td><td>＜ 28.76173</td></tr>
<tr><td>其余簇</td><td>＞ 28.76173</td></tr>
</table>

表 7-2　图 7-1(n)的进一步详细分析

		簇	反应条件
(n) TDA2 (N=15, P=0.6, K=5)	上方簇	14,16,19,24,30,36 号簇	均只有 5 号卤化物,Additive 均没有 2, 6, 15, 16 号
		31, 33, 38 号簇	均只有 5 号卤化物,Additive 均没有 1, 4, 7, 10, 12, 13, 14, 19, 20 号
	下方簇	Y 型上臂	均没有 5, 10 号卤化物,且其高产率样本均没有 5, 7, 10 号卤化物(其中 7 号, 10 号卤化物为氯化物)
		Y 型下臂	均没有 5, 9, 15 号卤化物,base 基底均没有 2, 3 号,且其高产率样本均没有 4, 5, 7, 9, 15 号卤化物(其中 4 号, 7 号卤化物为氯化物)

通过对图 7-1[C(n)]中每一簇样本的分析发现,同样地:

(1) 上方 9 簇为低产率样本组合(除第 38、31、33 号簇外,其余簇产率均值均小于中位数 28.76173),而 38、31、33 号簇仍被分在低产率中,是因为其对应的反应条件有潜在的成为低产率的情况。Y 型结构为高产率样本组合(除 Y 型结构的下臂簇和 21、25、26 号簇外,其余产率均值均大于中位数 28.76173),高产率 Y 型结构的下臂簇和 21、25、26 号簇由产率均值低的样本组成,但其仍被分在了高产率组,是因为其对应的反应条件有潜在的成为高产率的情况,且 25、26 号簇对应样本全为来自 21 号簇的样本。

(2) 32 号簇和图 7-1[C(m)]中 14 号簇所对应的样本是一样的,即 32 号对应的产率的均值 66.71 是最高的,其中只有 6 个低产率的样本,且这 6 例反应是 32 号簇与 34、35、37 号簇的重叠样本,这几个样本对应的反应条件中反应物卤代基烃都只含有较为活泼的 15 号碘化物。

(3) 将 Y 型结构的下臂簇与低产率组中的 24、19、14、16、30、36 号簇进行对比分析发现,这 13 簇低产率样本对应的反应条件中,添加剂[55-56](Additive)均没有 2 号和 15 号,反应物卤代基烃均没有 9 号和 15 号。

通过上述分析,我们了解到,虽然参数不同会导致可视化结果不同,但其分类结果大体相同,进而对比分析发现,为了获得较高的反应产率,应尽可能选择化学性质较活跃的反应物,如碘化物或溴化物(相较于碘和溴化物,氯化物反应性能较不活泼,反应物的反应活性关系为:碘化物>溴化物>氯化物),且 5 号卤化物尽可能不选,添加剂尽可能选择 1、2、4、6、7、10、12、13、14、16、17、19 和 20 号,此外 base 基底尽可能选择 2 号和 3 号。

2. 基于交互作用的反应条件与产率的分析

在化学反应中，反应条件的组合是非常重要的。量化这些相互作用并揭示隐藏的相关性是必要的，也是有价值的，通过多因素方差分析方法对 Additive、Aryl、Base、Ligand 及两两的交互作用给产率带来的影响进行分析，进而为研究人员提供相应的决策信息。

首先，我们分别对两两反应条件进行了模型的主体间效应检验，如表 7-3 所示，6 组模型的概率 P 值均小于 $\alpha=0.05$，即 additive、aryl、base、ligand 和它们的交互作用的概率 P 值均小于 $\alpha=0.05$，所以拒绝原假设，认为 additive、aryl、base、ligan 及其交互作用对产量有显著影响。

表 7-3 (Additive) * (Aryl)、(Additive) * (Base)、(Additive) * (Ligand)、(Aryl) * (Base)、(Aryl) * (Ligand)、(Ligand) * (Base)的主体间效应检验

Source	Type III sum of squares	df	Mean square	F	Sig.
修正模型	1878479.13	329	5709.66	19.41	0.00
Additive	429359.10	21	20445.67	69.49	2.86E−247
Aryl	1253799.09	14	89557.08	304.40	0.00
(Additive) *(Aryl)	194149.47	294	660.37	2.25	1.34E−26
$R^2=0.638$(Adjust: $R^2=0.605$)					
修正模型	683370.86	65	10513.40	18.08	1.31E−174
Additive	4231008.95	21	20524.236	35.293	2.20E−130
Base	148350.54	2	74175.27	127.55	2.22E−54
(Additive) * (Base)	104405.52	42	2485.85	4.275	2.12E−18
$R^2=0.229$(Adjust: $R^2=0.216$)					
修正模型	711539.92	87	8178.62	14.16	3.14E−171
Additive	431215.31	21	20534.06	35.55	2.75E−131
Ligand	249372.06	3	83124.02	143.92	2.07E−88
(Additive) * (Ligand)	31932.57	61	523.49	0.90	0.00
$R^2=0.242$(Adjust: $R^2=0.225$)					
修正模型	1489828.90	44	33859.75	90.98	0.00
Aryl	1254367.22	14	89597.66	240.75	0.00
Base	148211.85	2	74105.93	199.12	4.54E−83
(Aryl) * (Base)	87248.28	28	3116.01	8.37	2.54E−33
$R^2=0.506$(Adjust: $R^2=0.500$)					

续表

Source	Type III sum of squares	df	Mean square	F	Sig.
修正模型	1636774.40	59	27741.94	82.60	0.00
Aryl	1254314.73	14	89593.91	266.75	0.00
Ligand	247374.47	3	82458.16	245.51	6.52E−146
(Aryl) * (Ligand)	134745.71	42	3208.23	9.55	9.65E−57
$R^2=0.556$(Adjust：$R^2=0.549$)					
修正模型	427846.73	11	38895.16	60.93	8.65E−126
Base	148404.85	2	74202.43	116.24	8.95E−50
Ligand	248825.47	3	82941.82	129.93	2.92E−80
(Ligand) * (Base)	30927.92	6	5154.65	8.08	1.09E−8
$R^2=0.145$(Adjust：$R^2=0.143$)					

由图 7-2(a)中可以看出，在从 1 号添加剂变至 22 号添加剂的过程中，取几号卤化物可以使产率均值达到最大。例如：当取 1 号添加剂时，取 12 号卤化物使产率均值达到最大，取 6 号添加剂和 12 号卤化物是两者的所有组合中，产率均值最大的组合(最大产率均值为 78.6)，同样的，17 号添加剂和 3 号 Base 是两者的最优组合，5 号添加剂和 2 号配体是两者的最优组合，12 号 Aryl 和 3 号 Base 是两者的最优组合，12 号 Aryl 和 3 号 Ligand 是两者的最优组合，2 号 Ligand 和 3 号 Base 是两者的最优组合，类似地，其他组合也可以得到相应的结论。即我们得到表 7-4。

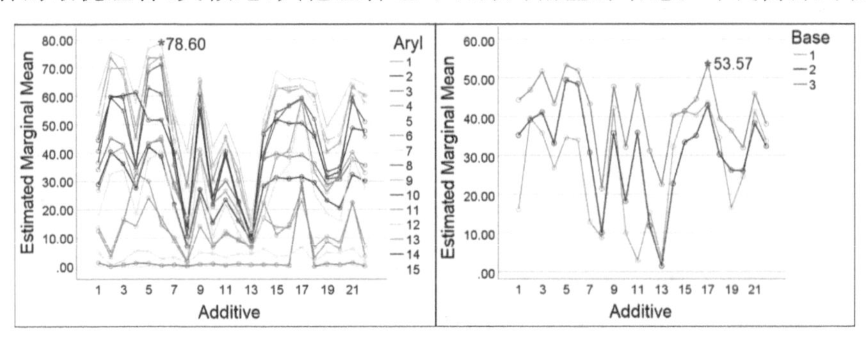

(a) Additive 和 Aryl 的交互作用图　　(b) Additive 和 Base 的交互作用图

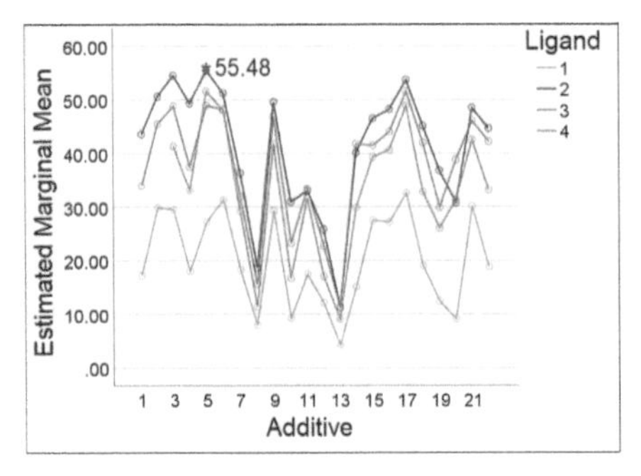

(c)Additive 和 Ligand 的交互作用图

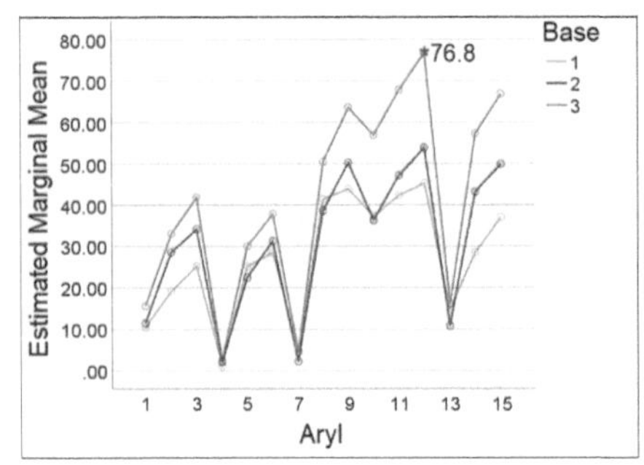

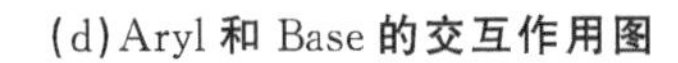

(d)Aryl 和 Base 的交互作用图

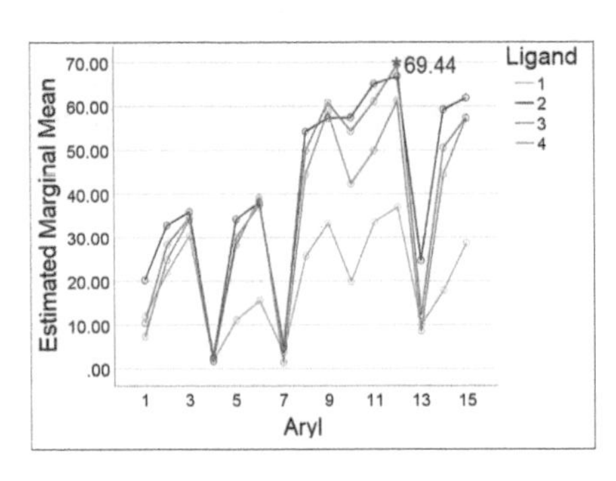

(e)Aryl 和 Ligand 的交互作用图

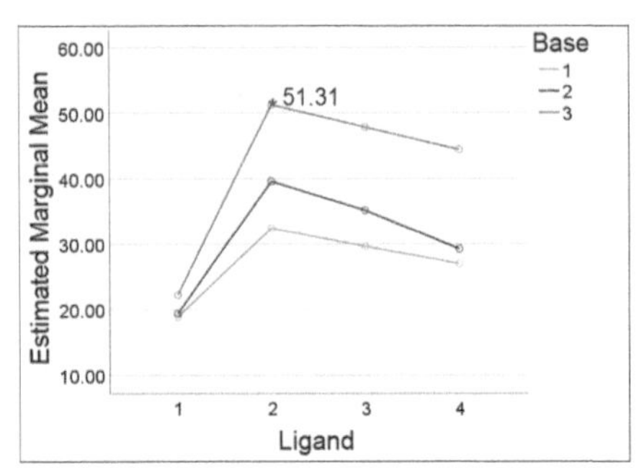

(f)Base 和 Ligand 的交互作用图

图 7-2　Additive 和 Aryl、Additive 和 Base、Additive 和 Ligand、Aryl 和 Base、Aryl 和 Ligand、Base 和 Ligand 的交互作用图

由表 7-4 可以看出，添加剂选择 5、6、17 号，卤化物选择 12 号(12 号为碘化物)，Base 基地选择 2 号和 3 号，Ligand 选择 2 号和 3 号时，产率会较高，这正好和上面的 TDA 聚类分析结果照应。

因此，为了获得较高的反应产率，应尽可能选择化学性质较活跃的反应物，如碘化物或溴化物，且 5 号卤化物尽可能不选，添加剂尽可能选择 1、2、4、5、6、7、10、12、13、14、16、17、19 和 20 号，Base 尽可能选择 2 和 3 号，Ligand 也尽量选择 2 和 3 号时，结果会相对较好。

表 7-4　反应条件的两两最优组合

	Additive	Aryl	Base	Ligand
Additive	—	(6,12)	(17,3)	(5,2)
Aryl	(12,6)	—	(12,3)	(12,3)
Base	(3,17)	(3,12)	—	(2,3)
Ligand	(2,5)	(3,12)	(3,2)	—

注：表中(6,12)代表 6 号 Additive 和 12 号 Aryl 是两者的最优组合

7.4.2 基于 LightGBM 的化学反应产率预测

在本节中，研究 LightGBM 模型的收敛性、预测性能。通过对机器学习和深度学习方法的比较，证明了该模型不仅具有良好的预测精度，而且具有更快的运行速度，为了增强模型的泛化能力，本节还引入了分层多样性采样来划分训练集和测试集。最后，通过样本外预测和折外预测验证了模型的泛化性能。

1. 收敛性分析

采用网格搜索法和十折交叉验证法确定 LightGBM 模型的最优参数。例如：寻找最优的 learning_rate，如图 7-3 所示，当 learning_rate 取 0.12 时，达到最高得分 0.9484。此外，分析了模型的收敛性。如图 7-4 所示，随着迭代次数的增加，训练和测试误差曲线都呈下降趋势，并最终趋于稳定，表明 LightGBM 模型是收敛的。

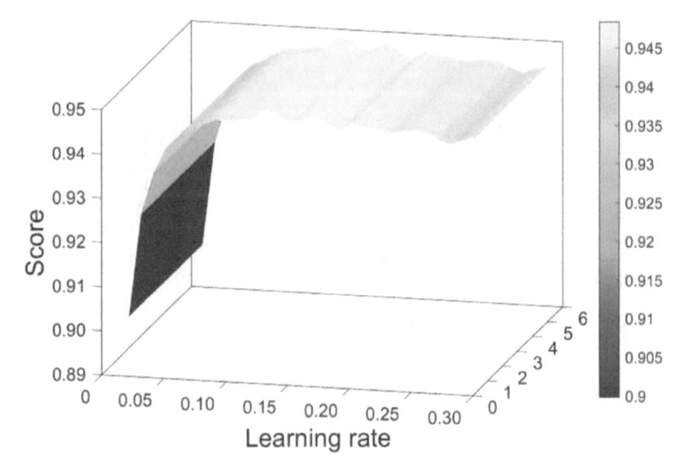

图 7-3 网格搜索下的训练集得分随 learning_rate 的变化(寻找最优 learning_rate)

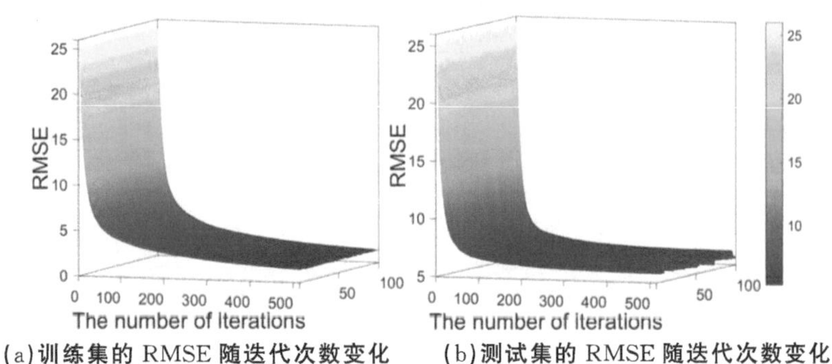

(a)训练集的 RMSE 随迭代次数变化　(b)测试集的 RMSE 随迭代次数变化

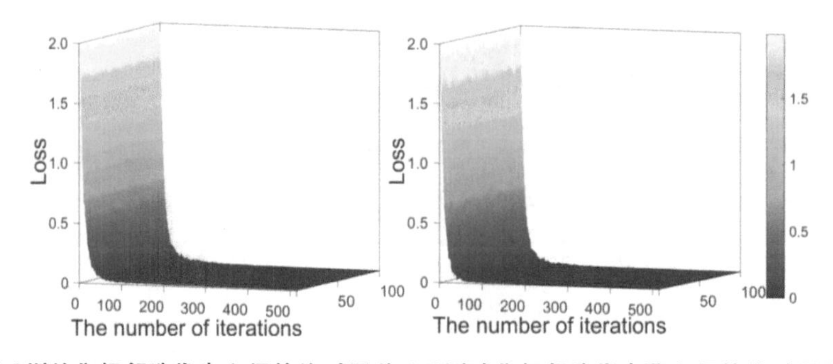

(c)训练集相邻迭代步之间的绝对误差 (d)测试集相邻迭代步骤之间的绝对误差

图 7-4 模型的收敛性

2. 产率预测精度分析

本文使用了 MLPR(Multilayer Perceptron Regression)、SVR(Support Vector Regression)、AdaBoost(Adaptive Boosting)、GB、Extra tree、RF、XGBoost、CNN(Convolutional Neural Networks)等 8 种回归方法来进行结果对比分析，但深度学习模型大多是黑盒子，无法解释和可视化模型的内部理论和训练条件，且深度学习模型主要由数据驱动，对数据量有一定的要求，而本文筛选后得到的数据量较小，不能应用于 CNN，存在一定的局限性，因此本节在讨论 CNN 的预测精度时仍选用的是较大的数据量(源数据)。由表 7-5 可以看到，LightGBM 模型不仅比其他方法获得了更好的预测能力，而且运行时间更短，相较于 XGBoost 模型，运行速度提高了 3 倍多。此外由表 7-6 可以看到，对于 LightGBM 模型，仅拿 2.5%的数据作为训练集去预测剩下的 97.5%，其结果明显优于 MLPR 和 SVR 模型。当使用 90%的数据作为训练集去预测剩下的 10%时，准确率可达到 $R^2=0.9699$，RMSE=4.9119，MAE=3.5572。因此，我们愿意用更高效的模型(LightGBM)来进行预测。

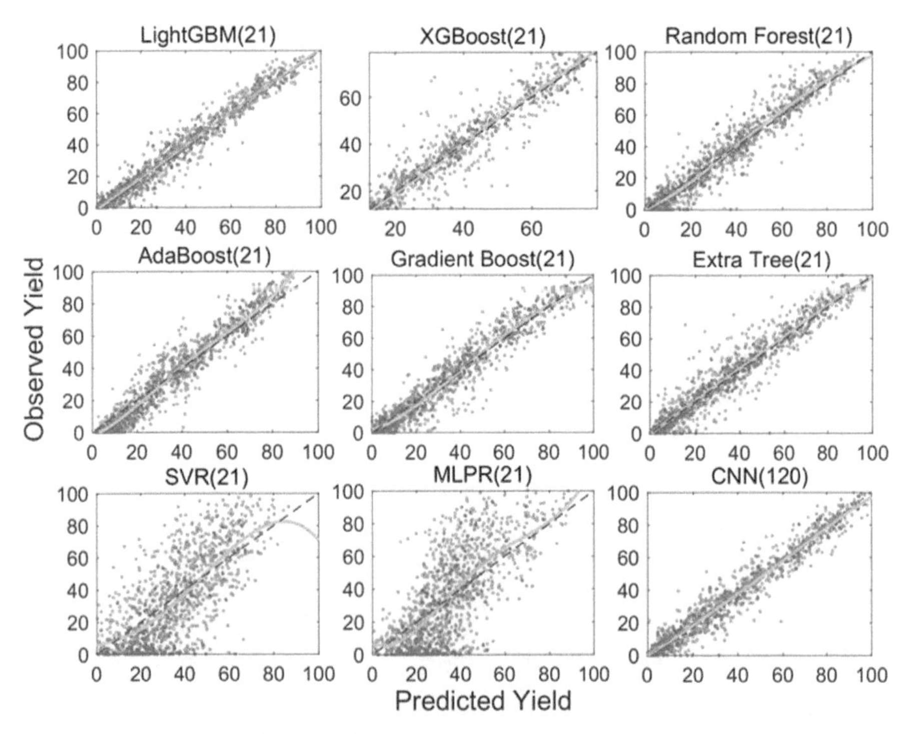

图 7-5 不同模型的预测结果(训练集为 70%,测试集为 30%)

表 7-5 不同模型的预测结果对比(训练集为 70%,测试集为 30%)

方法	R^2	RMSE	MAE	Run Times(s)
LightGBM(21)	0.9553	5.7638	4.0816	0.6542
XGBoost(21)	0.9517	5.9733	4.0888	2.2048
Random Forest(21)	0.9295	7.2353	4.9487	4.0732
Extra Tree(21)	0.9240	7.5063	4.8304	5.1285
Gradient Boost(21)	0.9234	7.5386	5.4760	2.5606
Adaboost(21)	0.9201	7.6971	5.9781	4.8961
SVR(21)	0.5309	18.7214	14.9049	41.0222
MLPR(21)	0.5052	19.1672	15.1457	2.8783
CNN(120)	0.9435	6.4801	4.3830	946.4686

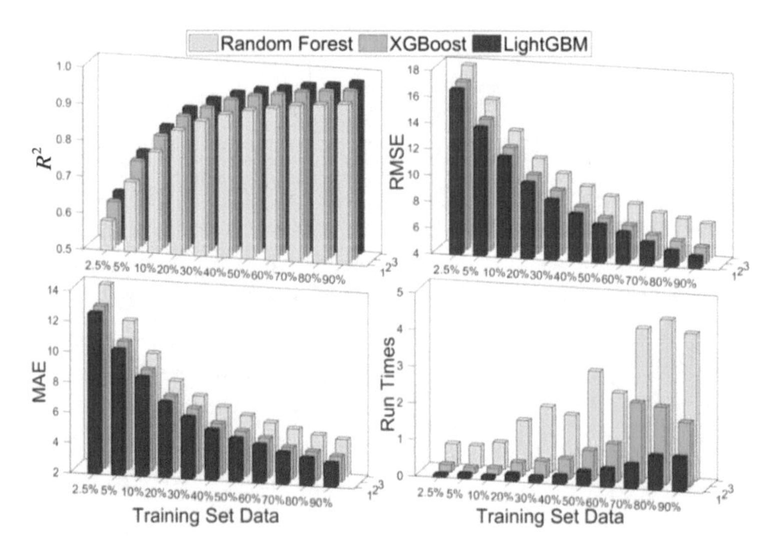

图 7-6 在 LightGBM、XGBoost、Random Forest 算法下不同比例训练数据的预测结果

表 7-6 LightGBM、XGBoost、RandomForest 在不同比例训练数据下的预测结果对比

训练集	模型	R^2	RMSE	MAE	Run Times(s)
2.5%	LightGBM(21)	0.6299	16.5861	12.5617	0.0676
	XGBoost(21)	0.6190	16.8175	12.6964	0.1998
	Random Forest(21)	0.5810	17.6402	13.7597	0.6087
5%	LightGBM(21)	0.7446	13.7786	10.2382	0.1191
	XGBoost(21)	0.7339	14.0662	10.4355	0.1537
	Random Forest(21)	0.6913	15.1494	11.4667	0.5957
10%	LightGBM(21)	0.8182	11.6294	8.5074	0.0978
	XGBoost(21)	0.8063	12.0060	8.6766	0.1828
	Random Forest(21)	0.7770	12.8792	9.3901	0.7226
20%	LightGBM(21)	0.8720	9.7624	6.9634	0.1965
	XGBoost(21)	0.8647	10.0271	7.0406	0.3721
	Random Forest(21)	0.8414	10.8677	7.6739	1.3628
30%	LightGBM(21)	0.9011	8.5716	6.0473	0.1596
	XGBoost(21)	0.8922	8.9407	6.3234	0.4528
	Random Forest(21)	0.8709	9.8052	6.7763	1.7806
40%	LightGBM(21)	0.9223	7.6023	5.3048	0.2301
	XGBoost(21)	0.9181	7.7926	5.4047	0.4450
	Random Forest(21)	0.8929	8.9336	6.1568	1.5868
50%	LightGBM(21)	0.9361	6.8956	4.8206	0.3954
	XGBoost(21)	0.9329	7.0565	4.9756	0.8174
	Random Forest(21)	0.9076	8.2814	5.6535	2.8314

续表

训练集	模型	R^2	RMSE	MAE	Run Times(s)
60%	LightGBM(21)	0.9449	6.4069	4.4986	0.4967
	XGBoost(21)	0.9413	6.5935	4.6087	1.0340
	Random Forest(21)	0.9178	7.8121	5.2670	2.2717
70%	LightGBM(21)	0.9553	5.7638	4.0816	0.6542
	XGBoost(21)	0.9517	5.9733	4.0888	2.2001
	Random Forest(21)	0.9295	7.2353	4.9487	4.0701
80%	LightGBM(21)	0.9608	5.2313	3.8121	0.9301
	XGBoost(21)	0.9575	5.6149	3.9105	2.1248
	Random Forest(21)	0.9352	6.9110	4.6441	4.3479
90%	LightGBM(21)	0.9699	4.9119	3.5572	0.9301
	XGBoost(21)	0.9623	5.2558	3.6812	1.7329
	Random Forest(21)	0.9403	6.6342	4.4342	4.0079

3. 基于分层多样性采样的产率预测精度分析

在本节,我们验证了 LightGBM 的预测能力,在本节中引入了分层多样性采样来选择训练数据,从而增强了模型的性能。根据 7.4.1 中的聚类结果,可以将数据分为两层,然后进行多样性采样。

从图 7-7 可以看出,对于相同的模型,分层多样性采样选择的训练集优于随机采样选择的训练集。当使用 90%的分层多样性抽样选择作为训练数据来预测剩余 10%的样本数据时,准确率甚至可以达到 $R^2=0.9716$,RMSE=4.6903。

表 7-7 不同采样方法下的模型预测结果

模型	LightGBM(21)		XGBoost(21)		Random Forest(21)	
评价指标	R^2	RMSE	R^2	RMSE	R^2	RMSE
分层多样性采样	0.9599	5.4924	0.9566	5.6798	0.9350	6.9800
多样性采样	0.9589	5.5301	0.9558	5.7044	0.9341	6.9933
分层采样	0.9553	5.7638	0.9534	5.8719	0.9314	7.1568
随机采样	0.9568	5.6983	0.9517	5.9733	0.9295	7.2353
模型	Adaboost(21)		Gradient Boost(21)		Extra tree(21)	
评价指标	R^2	RMSE	R^2	RMSE	R^2	RMSE
分层多样性采样	0.9254	7.4479	0.9281	7.3227	0.9327	7.0627
多样性采样	0.9240	7.4871	0.9268	7.3523	0.9308	7.1626
分层采样	0.9215	7.6320	0.9250	7.4868	0.9276	7.2996
随机采样	0.9201	7.6971	0.9234	7.5386	0.9240	7.5063
模型	CNN(120)		SVR(21)		MLPR(21)	
评价指标	R^2	RMSE	R^2	RMSE	R^2	RMSE
分层多样性采样	0.9491	5.8460	0.5360	18.5956	0.5201	18.8675
多样性采样	0.9479	5.9765	0.5343	18.6104	0.5155	18.9024
分层采样	0.9475	6.2369	0.5324	18.6552	0.5107	19.0894
随机采样	0.9435	6.4801	0.5309	18.7214	0.5052	19.1672

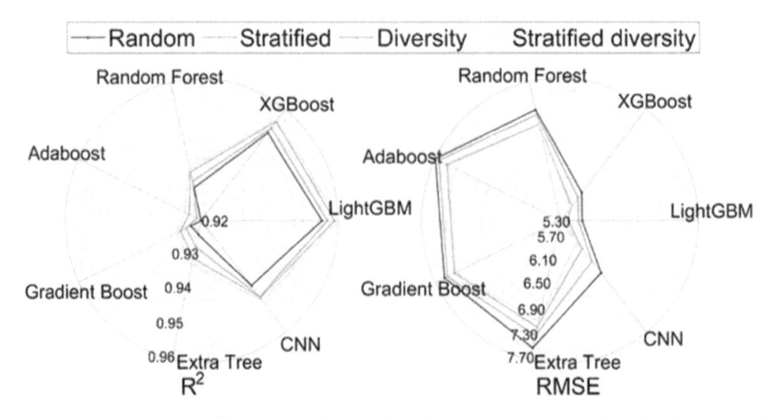

图 7-7　不同采样方式下的模型预测结果(对于训练集为 70%,测试集为 30%;由于 SVR 和 MLPR 模型的预测性能较差,会影响图形的美观,所以 SVR 和 MLPR 此处未绘制模型,但预测结果在表 7-7 中给出)

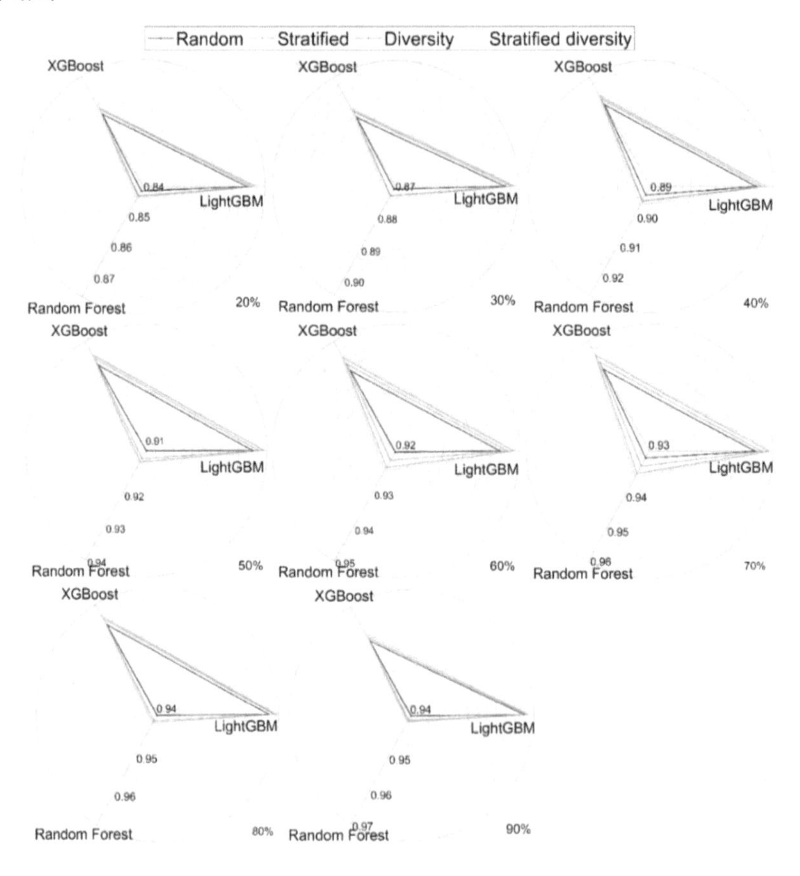

图 7-8　不同采样方法下的 LightGBM、XGBoost、Random Forest 的不同比例的训练数据的预测结果对比图

表 7-8　不同采样方法下 LightGBM、XGBoost、Random Forest 对不同比例训练数据的预测结果

训练集	模型	LightGBM(21)		XGBoost(21)		Random Forest(21)	
	评价指标	R^2	RMSE	R^2	RMSE	R^2	RMSE
10%	分层多样性采样	0.8196	11.5859	0.8080	11.9548	0.7770	12.8792
	多样性采样	0.8182	11.6294	0.8063	12.0060	0.7784	12.8419
	分层采样	0.8196	11.5859	0.8080	11.9548	0.7770	12.8792
	随机采样	0.8182	11.6294	0.8063	12.0060	0.7784	12.8419
20%	分层多样性采样	0.8751	9.7180	0.8672	9.9174	0.8441	10.8199
	多样性采样	0.8745	9.7665	0.8667	9.9583	0.8434	10.8232
	分层采样	0.8734	9.7189	0.8665	9.9655	0.8431	10.8249
	随机采样	0.8720	9.7624	0.8647	10.0271	0.8414	10.8677
30%	分层多样性采样	0.9044	8.4945	0.8953	8.8944	0.8739	9.7340
	多样性采样	0.9038	8.5369	0.8946	8.9094	0.8731	9.7652
	分层采样	0.9028	8.5064	0.8940	8.8988	0.8729	9.7240
	随机采样	0.9011	8.5716	0.8922	8.9407	0.8709	9.8052
40%	分层多样性采样	0.9258	7.4956	0.9218	7.7011	0.8963	8.8595
	多样性采样	0.9254	7.5219	0.9210	7.7329	0.8951	8.8737
	分层采样	0.9240	7.5268	0.9201	7.7165	0.8949	8.8674
	随机采样	0.9223	7.6023	0.9181	7.7926	0.8929	8.9336
50%	分层多样性采样	0.9399	6.7487	0.9364	6.9547	0.9113	8.1824
	多样性采样	0.9391	6.7839	0.9359	6.9944	0.9108	8.2574
	分层采样	0.9377	6.8190	0.9349	6.9671	0.9099	8.1907
	随机采样	0.9361	6.8956	0.9329	7.0565	0.9076	8.2814
60%	分层多样性采样	0.9492	6.2421	0.9461	6.4416	0.9231	7.6827
	多样性采样	0.9484	6.2885	0.9451	6.4795	0.9223	7.7316
	分层采样	0.9467	6.3008	0.9433	6.4894	0.9202	7.7065
	随机采样	0.9449	6.4069	0.9413	6.5935	0.9178	7.8121
70%	分层多样性采样	0.9599	5.4924	0.9566	5.6798	0.9350	6.9800
	多样性采样	0.9589	5.5301	0.9558	5.7044	0.9341	6.9933
	分层采样	0.9570	5.6838	0.9538	5.8518	0.9319	7.1321
	随机采样	0.9553	5.7638	0.9517	5.9733	0.9295	7.2353
80%	分层多样性采样	0.9627	5.1924	0.9598	5.4607	0.9372	6.7811
	多样性采样	0.9619	5.2346	0.9597	5.4305	0.9371	6.7931
	分层采样	0.9615	5.2475	0.9590	5.5453	0.9366	6.8644
	随机采样	0.9603	5.2313	0.9575	5.6149	0.9352	6.9110
90%	分层多样性采样	0.9716	4.6903	0.9645	5.1934	0.9422	6.5833
	多样性采样	0.9711	4.7255	0.9646	5.1960	0.9419	6.6190
	分层采样	0.9706	4.7252	0.9633	5.2309	0.9416	6.6053
	随机采样	0.9699	4.9119	0.9623	5.2558	0.9403	6.6342

4. 基于样本外预测的泛化性能分析

为了验证所提方法的泛化性能，我们在同一数据集上进行了样本外预测。样本外预测通过将数据集划分为两个不相关的部分，一个用于估计模型，另一个用于预测，来测试模型的泛化能力。类似地，随机选择 5 种添加剂(15、18、19、21、22 号添加剂)作为未知反应条件，将其余已知反应条件作为训练数据，预测未知反应条件的产率。样本外预测添加剂结构图和样本外预测结果如图 7-9 所示。与 Random Forest、XGBoost 的样本外预测结果相比，LightGBM 具有较大的 R^2 和较小的 RMSE、MAE，且其运行时间最短，说明该方法取得了较好的样本外预测效果。

表 7-9　LightGBM、XGBoost、RandomForest 的样本外预测结果对比

	Methods	R^2	RMSE	MAE	Run Times(s)
添加剂 15	LightGBM	0.9428	6.1124	4.8986	0.1898
	XGBoost	0.9246	7.0234	5.1262	0.6692
	Random Forest	0.9136	7.5186	5.7362	2.2215
添加剂 18	LightGBM	0.9538	5.7693	3.4238	0.3559
	XGBoost	0.9505	5.9671	3.5433	0.7084
	Random Forest	0.9404	6.5508	4.0102	2.0697
添加剂 19	LightGBM	0.8385	8.9622	6.3477	0.3278
	XGBoost	0.8315	9.1537	6.7293	0.7310
	Random Forest	0.8208	9.4398	7.0925	2.5958
添加剂 21	LightGBM	0.8728	8.8927	6.4718	0.1426
	XGBoost	0.8669	9.0969	6.4364	0.5400
	Random Forest	0.8492	9.6847	7.0534	3.4195
添加剂 22	LightGBM	0.9540	5.5585	3.9069	0.1768
	XGBoost	0.9469	5.9724	4.2392	0.6095
	Random Forest	0.9311	6.7990	4.5664	1.4601

(a)5 种样本外预测的添加剂结构示意图

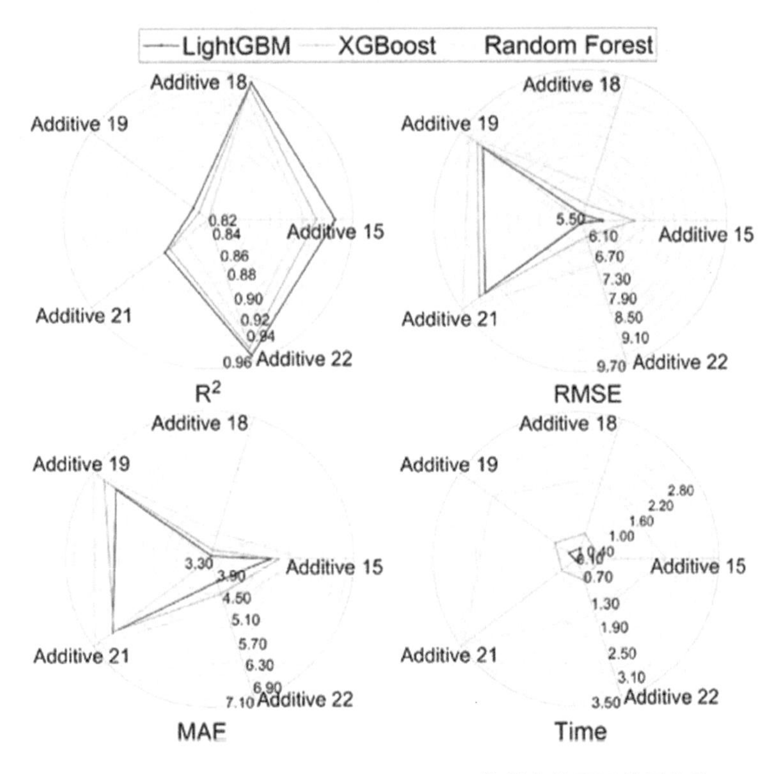

(b)LightGBM、XGBoost、RandomForest 的样本外预测结果比较

图 7-9　样本外预测结果

5．基于折外预测模型的泛化性能分析

折外预测的概念与样本外预测的概念直接相关，因为这两种情况下的预测都

是在模型训练期间未使用的样本上进行的，并且都可以估计模型在对新数据进行预测时的性能。折外预测也是一种样本外预测，尽管它使用了 k-fold 交叉验证来评估模型。它相当于使用了新数据(训练时不可见的数据)进行预测和对模型性能进行估计，使用不可见的数据可以评估模型的泛化性能，也就是模型是否过拟合。先对模型在每次训练期间所做的预测进行评分，然后计算这些分数的平均值是最常用的模型评估方法。

折外预测除对每个模型的预测评估进行平均以外，还可以将每个模型的预测聚合成一个列表，这个列表中包含了每组训练时作为测试集的保留数据的汇总。在所有的模型训练完成后将该列表作为一个整体以获得单个的准确率分数。每个数据在每个测试集中只出现一次，也就是说，训练数据集中的每个样本在交叉验证过程中都只有一个预测。所以可以收集所有预测并将它们与目标结果进行比较，并在整个训练结束后计算准确率分数。这样的好处是更能突出模型的泛化性能。与 RF、XGBoost 的样本折外预测结果相比，LightGBM 具有较大的 R^2 和较小的 RMSE、MAE，且其运行时间最短，再次说明 LightGBM 具有较好的模型泛化性能。

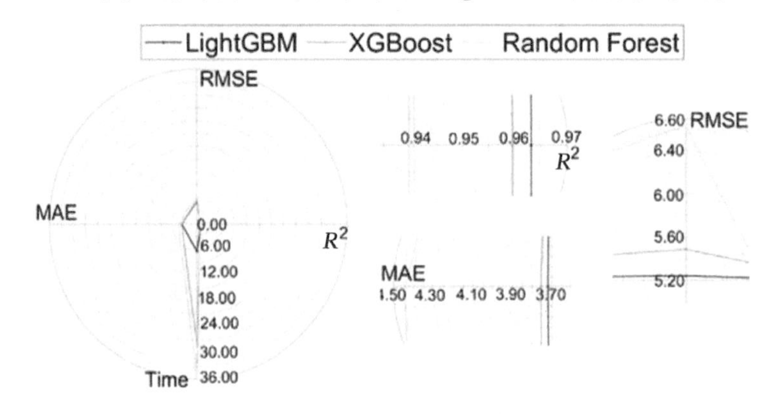

图 7-10 Random Forest、XGBoost 和 LightGBM 的折外预测结果对比(右图为 R^2、RMSE、MAE 的局部放大图)

表 7-10 LightGBM、XGBoost、RandomForest 的折外预测(oof)结果对比

Methods	R^2	RMSE	MAE	Run Times(s)
LightGBM	0.9631	5.2414	3.7192	6.3201
XGBoost	0.9595	5.4885	3.6544	28.4405
Random Forest	0.9409	6.6340	4.4383	35.9912

7.5 本章小结

本章提出 OCS-TGBM 模型分析了 Buchwald-Hartwig 偶联反应中反应条件与反应产率之间的内在关系。通过引入分层多样性采样策略，提高 LightGBM 模型的性能，构建了训练速度更快、内存消耗更低、预测性能更好的智能预测系统。它为研究人员寻找高产反应提供了一种新的方法，有助于更有效地设计所需的化学材料，实现智能化学和绿色化学。

当然，本章所提出的智能预测分析系统也可以用于偶联反应以外的其他化学反应，未来将具有强可解释性的树模型与深度神经网络模型结合，并运用于分子或材料合成领域，这一定会是一项有趣而富有挑战性的工作。

8　基于 CatBoost 的有机合成预测

第 2 章提出的基于重要性和相关性的特征选择方法成功降低了特征维度，但对特征与模型之间的紧密联系欠缺考虑，所以本章采用了一种与模型有关的递归消除特征选择算法，更精准、更有针对性地获取了一组全面且简洁的特征子集。接着基于此特征子集，建立 CatBoost 回归器并对产率进行智能预测，实现了较高的预测精度。此外，由于该系统的建立受到实际问题的驱动，于是采用了三种可解释性分析工具对模型的预测结果进行可视化的解释分析，旨在进一步增强实验结果的可读性，为实验者提供科学可靠的决策信息。

8.1 特征选择

在机器学习任务中，特征是其性能的核心要素之一。为了降低数据冗余性，减轻计算压力，本章将递归消除法（Recursive feature elimination，RFE）与 CatBoost（Categorical Boosting）进行结合，获得了一组简洁全面的特征集合。

首先输入 2.2 节中介绍的数据（120 维特征）作为原始数据，然后定义一个 CatBoost 学习器，以此作为递归消除法的基模型进行特征筛选。特征选择过程包含两个关键环节：一是子集搜索，二是子集评价。为了更好地选择适合模型的特征子集，本文结合数据特点，采用 RFE 后向搜索方法，以 SHAP 值为特征评价标准进行特征筛选。根据后向搜索的原理，删除得分最低的特征，然后在剩余特征上继续构建模型，重新得到新一轮的特征得分，再删除得分最低的特征，重复此过程，直至达到指定的特征数量。在每一次的迭代过程中，会重新评价当前剩余特征的集合，最终以模型的预测指标 RMSE 的形式呈现。具体原理如下：

SHAP 值方法为每个样本 x_i 计算长度为 M 的向量 $\boldsymbol{v}_i$（其中 M 是特征维度），该向量的每个元素表示对应特征对样本 x_i 预测值的贡献，把向量中的各个元素累加起来得到对应样本 x_i 的预测，公式如 8-1 所示：

$$a_i = \sum_{j=1}^{M} \boldsymbol{v}_{i,j}. \tag{8-1}$$

接着，定义样本 x_i 的损失为 $L_i = l(y_i, a_i)$，没有特征 j 的样本 x_i 的损失为 $L_{i,\{-j\}} = l(y_i, a_i - \boldsymbol{v}_{i,j})$。

从一个空的特征集合 $E = \{\}$ 开始，计算当前的损失值：

$$L_{-E} = \sum_{i=1}^{N} L_{i,\{-E\}} = \sum_{i=1}^{N} l(y_i, a_i - \sum_{k \in E} \boldsymbol{v}_{i,k}). \tag{8-2}$$

对于每个可用特征，使用 SHAP 值计算损失函数变化时的分数：

$$\begin{aligned} score &= L_{\{-E,-j\}} - L_{-E} = \sum_{i=1}^{N} L_{i,\{-E,-j\}} - L_{-E} \\ &= \sum_{i=1}^{N} l(y_i, a_i - \sum_{k \in E} \boldsymbol{v}_{i,k} - \boldsymbol{v}_{i,j}) - L_{-E}. \end{aligned} \tag{8-3}$$

删除一个得分最低的特征，并将其添加到集合 E，重复此过程直至达到设置的特征数目。

RFE 方法的一大优点是可以自主设置想要筛选得到的特征个数，具有较大的灵活性和选择权。本章分别选取 60、50、45、40、35、30、25、20、15、10、5 个特征描述符进行尝试。特征筛选过程如图 8-1 所示，其中，x 轴表示特征数目，y 轴表示模型的损失函数值 RMSE。左 1 显示当使用 60 个、40 个、25 个、15 个特征描述符对模型训练预测时，CatBoost 模型的 RMSE 分别为 5.559、5.566、5.684、5.651，RMSE 相对较小，于是进一步缩小搜索区间（左 2、左 3），发现，当使用 24 个特征描述符进行预测时，CatBoost 的 RMSE 最小为 5.645。虽然其 RMSE 仍高于 60 个和 40 个特征描述符的 RMSE 结果，但考虑到 40 个和 60 个特征描述符个数依旧较多，数据仍存在较大冗余性（图 8-2），所以最终选取 24 个特征描述符作为筛选后的特征。

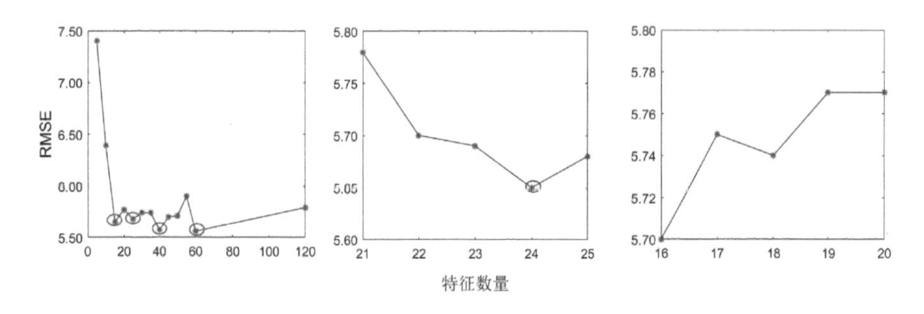

图 8-1　特征描述符的筛选过程

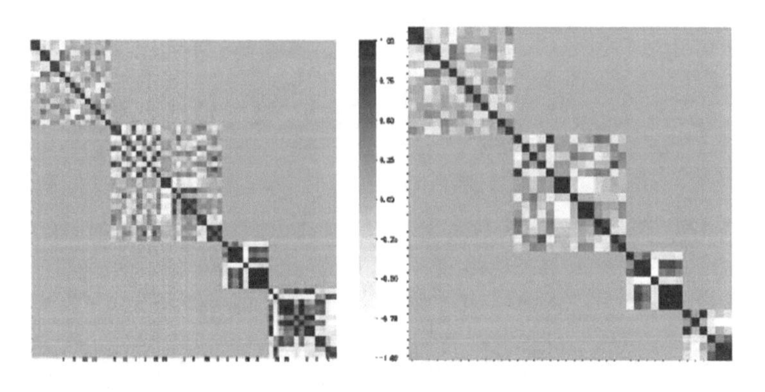

图 8-2 60 个描述符和 40 个描述符(从左到右)的相关性热图可视化结果

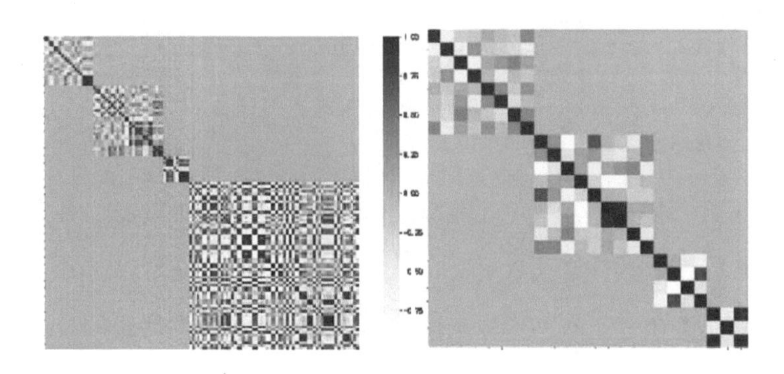

图 8-3 原始 120 个描述符和 24 个描述符(从左到右)的相关性热图可视化结果

通过描述符的相关性热图(图 8-3)可以看到,相较于原始数据的 120 个特征描述符,经过特征筛选后,特征间的冗余性被明显地去除。本章筛选出的 24 个对反应产率影响较大的特征描述符,将作为后续模型的输入,在使用过程中不仅可以节省训练时间,减轻缓存压力,同时更低的特征维度也有助于增强模型的泛化能力。

8.2 基于 CatBoost 的反应产率预测模型构建

CatBoost 在训练期间将连续构建一组决策树,与之前的树相比,每棵树的构建都减少了损失。CatBoost 通过集成弱学习器 f^t 建立了最终的预测模型 F^T,即 $F^T=\sum_{t=1}^{T}f^t$。模型损失函数设置为:

$$L(f(x),y)=\sum_{i}w_i\cdot l(f(x_i),y_i)+J(f), \tag{8-4}$$

其中,$L(f(x),y)$是点(x,y)处的损失值,w_i 是 x_i 的权重,$J(f)$是正则项。

在训练的过程中，树被依次构建，构建下一棵树的目标是去拟合损失函数 l 的负梯度 $g_i = -\left.\frac{\partial l(a, g_i)}{\partial a}\right|_{a=F^{T-1}(x_i)}$，其中 $a_i = f(x_i)$，w_i 是 x_i 的权重。本章采用梯度下降法优化损失函数。梯度拟合的好坏通过打分函数 $Score(a,g)=S(a,g)$来衡量。CatBoost 既实现了一阶梯度的版本，也实现了 XGBoost 的泰勒展开引入的二阶梯度的版本，同时也扩展了其它的一些打分函数来决定叶子是否进行分裂(具体如式(8-5)所示)，CatBoost 可以由用户自由选择是使用一阶梯度还是二阶梯度。

$$L2 = -\sum_i w_i (a_i - g_i)^2, \tag{8-5}$$

$$Cosine = \frac{\sum_i w_i \cdot a_i \cdot g_i}{\sqrt{\sum_i w_i {a_i}^2} \cdot \sqrt{\sum_i w_i {a_i}^2}}. \tag{8-6}$$

寻找最优树结构是一个迭代的过程，为便于解释，假设要构建的树的深度为1，像这样的一棵树的结构需要由一些特征的索引 j 和边界值 c 决定。记 x_{ij} 表示第 i 个样本的第 j 个特征，a_{left}、a_{right} 分别表示树 f 的左右叶子节点。当 $x_{ij} \leq c$ 时，$f(x_i)=a_{left}$，当 $x_{ij} > c$ 时，$f(x_i)=a_{right}$。所以现在的目标是借助打分函数找到最优的 j 和 c，这样就找到了最优的树结构。本节选择 $L2$ 打分函数，于是有：

$$S(a,g) = -\sum_i w_i (a_i - g_i)^2 = -\left[\sum_{i:x_{ij}\leq c} w_i (a_{left} - g_i)^2 + \sum_{i:x_{ij}>c} w_i (a_{right} - g_i)^2\right]. \tag{8-7}$$

令 $W_{left} = \sum_{i:x_{ij}\leq c} w_i$，$W_{right} = \sum_{i:x_{ij}>c} w_i$，通过求导可得 $a_{left}^* = \frac{\sum_{i:x_{ij}\leq c} w_i g_i}{W_{left}}$，$a_{right}^* = \frac{\sum_{i:x_{ij}>c} w_i g_i}{W_{right}}$，其中 a_{left}^*，a_{right}^* 分别为 a_{left}，a_{right} 的最优值，然后再将 a_{left}^*，a_{right}^* 带回打分函数，展开括号并删除常数项后即可得：

$$j^*, c^* = \text{argmax}_{j,c}[W_{left} \cdot (a_{left}^*)^2 + W_{right} \cdot (a_{right}^*)^2]. \tag{8-8}$$

当深度大于 1 时，打分函数将变为 $Score(a,g) = \sum_{leaf} S(a_{leaf}, g_{leaf})$，此时有：

$$j^*, c^* = \text{argmax}_{j,c} S(\bar{a}, g), \tag{8-9}$$

其中，$\bar{a}$ 是 j 和 c 分割后得到的最佳叶值。

通常在 GBDT 框架中，构建决策树的过程可以分为两个阶段：选择树的结构(即分割属性)和计算叶子节点。总的来说，CatBoost 首先采用梯度步长的无偏估

计选择树结构,然后再进行标准的 GBDT。即首先初始化一棵空树 T ,利用贪婪算法找出所有可能的分割方式,形成一个候选分割的 C 集合,从 C 中任选一种分割 $c \in C$,将分割 c 分配给树 T ,记为 T_c ,计算叶子节点的值 $leaf_i = GetLeaf(x_i, T_c, \sigma), i = 1, 2, \cdots, n$,计算前 i 个叶子节点梯度的平均值 $\Delta_i = avg(grad_{\lfloor \log_2(\sigma(i)) ?}(p))$,其中 $p: leaf_p = j, \sigma(p) < \sigma(i), i = 1, 2, \cdots, n$,计算第 c 个分割对应的损失函数值 $Loss(T_c) = \| \Delta - grad \|_2$,选择损失函数最小对应的 $T = \arg\min_{T_c}(Loss(T_c))$ 即为输出结果。

8.3 实验结果与分析

8.3.1 参数分析

在本节中,我们首先通过参数分析、收敛性分析、预测精度分析、时间复杂度分析和泛化性分析等多种分析方法,与其他先进的机器学习和深度学习模型的比较,来分析 CatBoost 模型的性能,证明了该模型更准确且高效。然后,利用特征重要性、ALE 值分析、SHAP 值分析方法深入挖掘了反应条件与产率之间的内部关系,全方位、多角度的为实验人员提供有价值的决策信息。

由于仅使用模型默认参数可能不会使得模型表现出最佳性能,因此需要调整其参数。网格搜索方法是一种指定参数值的穷举搜索方法,将估计函数的参数通过交叉验证的方法进行优化得到最优的学习算法,即:首先将各个参数可能的取值进行排列组合,所有可能的组合形成“网格”,然后将其用于机器学习模型训练,最后结合交叉验证对模型表现进行评估。在拟合函数尝试了所有的参数组合后,自动调整至最佳参数组合,返回一个合适的学习器。

CatBoost 是 Boosting 家族的一员,虽然该模型有很多参数,但对模型性能起关键作用的只有少数参数。而且 CatBoost 模型的一个显著优点是,它不需要调整很多参数,使用默认参数亦可获得可接受的预测精度。因此,本文仅对一些重要参数采用网格搜索和十折交叉验证相结合的方法进行遍历寻优,其他参数使用默认值。一些重要的参数是:学习率(learning_rate)、深度(depth)、最大决策树数目(iterations)、$L2$ 正则参数(l2_leaf_reg)。但注意到,当参数搜索空间较大时,网格搜索方法会消耗大量的时间和内存,考虑到这一点,首先结合先验经验和历史资料,设置 iterations=400,然后对其余几个参数选取其可能性最大的取值情况作为网格搜索的范围。网格搜索的参数范围及得到的最优参数如表 8-1 所示。

表 8-1 网格搜寻的参数范围及最优参数

参数	搜索范围	搜索结果
learning_rate	0.05，0.1，0.15	0.15
depth	6，7，8	7
l2_leaf_reg	3，4，5	5

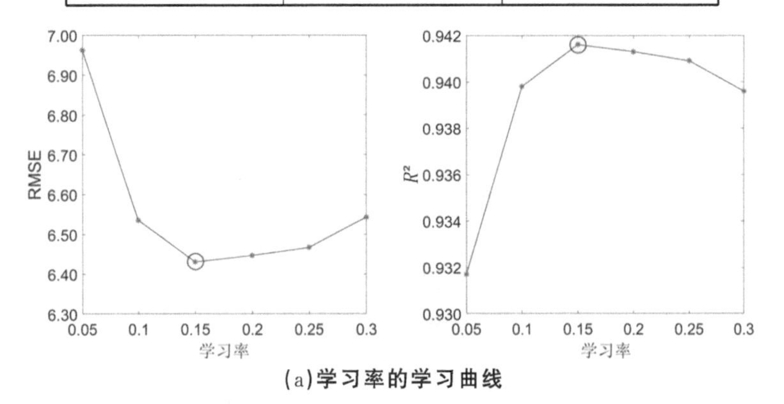

(a)学习率的学习曲线

(b)树数量的学习曲线

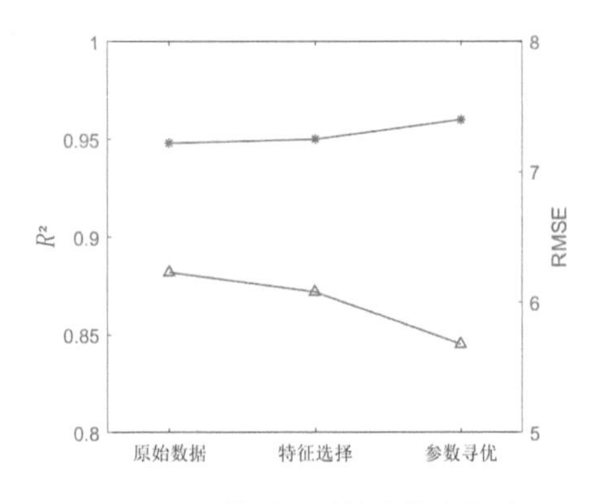

(c)CatBoost 模型预测性能的变化过程

图 8-4 参数分析

在众多参数中，学习率是一个非常重要的参数，一般的搜索范围在区间(0.05，0.30)之间，通过控制变量法进一步扩大其搜索区间，并结合十倍交叉验证以探寻更优的学习率设置。结果如图 8-4(a)所示，可以看到最终结果和使用网格调参后的结果一致，即当学习率为 0.15 时，RMSE 最小且 R^2 最大，因此 0.15 为最佳学习率。

由于之前是根据历史经验设置的树的棵数，所以接下来分析树的数量对模型预测性能的影响，结果如图 8-4(b)所示。实验发现，R^2 会随着树的数量的增多而变大，RMSE 会随着树的数量的增多而变小，但在一定数量之后便趋于稳定，从图 8-4(b)中可以看到，当树的棵数取值为 400 往后时，RMSE 和 R^2 变化趋于平和，模型的预测结果没有明显的提升与改变，而考虑到随着树的数量的增多，模型的复杂度也会随之增加，故为节约运算成本，依旧设置树的棵数为 400。

综上所述，CatBoost 参数设置如下：学习率(learning_rate)为 0.15，深度(depth)为 7，树的棵数(iterations)为 400，$L2$ 正则参数(l2_leaf_reg)为 5。其余参数均采用默认参数。调参前 CatBoost 的预测结果为 RMSE＝6.08，R^2＝0.95，调参后 CatBoost 模型的预测结果为 RMSE＝5.68，R^2＝0.96。经过调参后的 CatBoost 模型的预测精度得到了显著的提高。图 8-4(c)显示了经过特征选择，参数寻优后，CatBoost 模型的预测精度 R^2 在逐渐升高，RMSE 在逐渐减小，CatBoost 模型的预测结果在逐渐提升，这说明了特征选择和参数调整是有意义的，对 CatBoost 模型性能的提升是有帮助的。

8.3.2 收敛性分析

在得到最优参数后，本节结合十折交叉验证可视化了训练集与测试集的均方根误差随迭代次数的变化情况，对 CatBoost 模型的收敛性进行了分析。从图 8-5 中可以看到，训练集和测试集的误差曲线都随着迭代次数的增加而减小，并最终趋于稳定，且两者间的误差差距也相对较小，这说明训练后的 CatBoost 模型是收敛的。

同时注意到 CatBoost 模型在迭代 0～100 次之间时，模型的误差就迅速下降，并在 200 次后就逐渐趋于平稳，说明 CatBoost 模型的收敛速度也是比较快的，具有良好的收敛性。

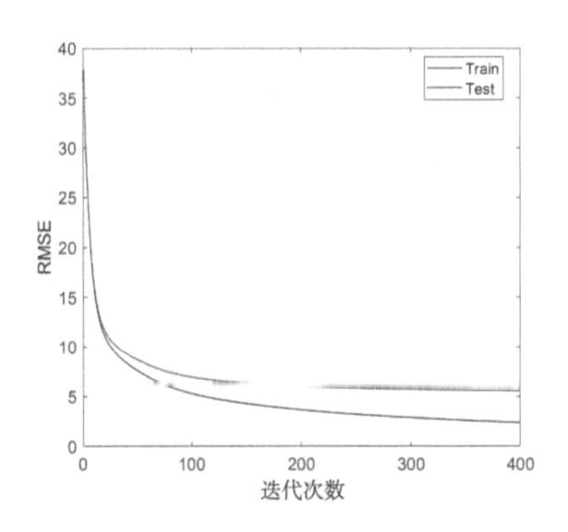

图 8-5 迭代误差曲线图

8.3.3 预测精度分析

在确定好参数后，CatBoost[57-58]模型最终的预测精度达到了 $R^2=0.96$，RMSE=5.68，如图 8-6 所示，由于数据量较大，该图仅展示了前 200 个样本的 CatBoost 预测值与真实值之间的拟合情况，可以看出本文构建的 CatBoost 模型能够实现对真实产率较好的拟合，实现了对产率的精准预测。

接着，本节对比了线性回归方法和其他一些常见的机器学习模型的预测准确性(使用 70%的数据作为训练集来预测剩余的 30%(测试集))。使用的机器学习模型包括：GBDT、随机森林(Random Forest，简记为 RF)、决策树(Decision Tree，简记为 DT)、自适应提升算法(AdaBoost，简记为 Ada)、K-最近邻(简记为 KNN)、岭回归(简记为 Ridge)、极端随机树(Extra Tree，简记为 Extra)、卷积神经网络 CNN(选用的原始 120 个特征描述符数据)。本节中每个模型的实验结果都是对十次实验结果平均得到的预测结果。以上模型的预测结果如图 8-7 所示。从图 8-7 中不难看到，线性回归方法的预测精度较低，并不适合应用于该化学反应数据。虽然决策树和其他机器学习模型与线性回归方法相比，预测精度有所提高，但是结果仍不令人满意。CNN 比这些模型有了实质性的提升，但相对而言，CNN 结构更加复杂且耗时较长。综合对比，CatBoost 模型实现了最高的预测精度。

图 8-8 显示了上述模型的预测精度(RMSE 和 R^2)箱线图，从图中可以看出，CatBoost 模型的预测精度最高(RMSE 最小且 R^2 最高)，且其箱子最小，说明 CatBoost 模型的预测结果的数据分布最集中，数据波动性最小，预测性能最好最稳定。

另外，选取已发表的 Ni 催化交叉偶联反应数据预测其反应产率。该偶联反应数据共包含640个反应样本和23个特征描述符。Wu[59]等人使用随机森林算法预测了其反应产率。本节采用前面介绍的特征选择算法，将原有的23个描述符经过筛选，得到17个特征描述符，然后使用CatBoost模型进行预测，实验结果如图8-9所示。对比随机森林算法的预测结果(Wu et al.[59])，本文经过特征筛选获取了更加纯净优良的特征，以更少的特征描述符数据和性能更优良的CatBoost算法得到了更高的预测精度。

接下来分析CatBoost模型在不同比例训练数据下的预测结果。对于CatBoost模型，我们发现即使在只有少量样本的情况下，该模型依然具有优秀的预测能力。结果如图8-10所示，对于特征筛选后得到的24个特征描述符来说：

(1)仅使用5%的反应数据进行训练来预测剩余的95%的反应数据，比在图8-7中使用线性回归得到的预测精度更高；

(2)当使用40%的反应数据进行训练来预测剩余的60%的反应数据时，CatBoost的预测结果已经超过了Ahneman等人[5]使用随机森林算法得到的预测结果(即随机森林算法中源数据的预测结果，使用120个描述符的70%的训练数据预测剩下30%的数据)；

(3)在使用90%作为训练数据来预测剩余的10%的样本数据时，预测精度甚至高达RMSE=5.24，R^2=0.97。

以上实验结果表明：CatBoost模型对数据量没有严格的要求，在只有少量训练样本的情况下依然可以捕获其中的关键信息并进行较为精准的回归预测。

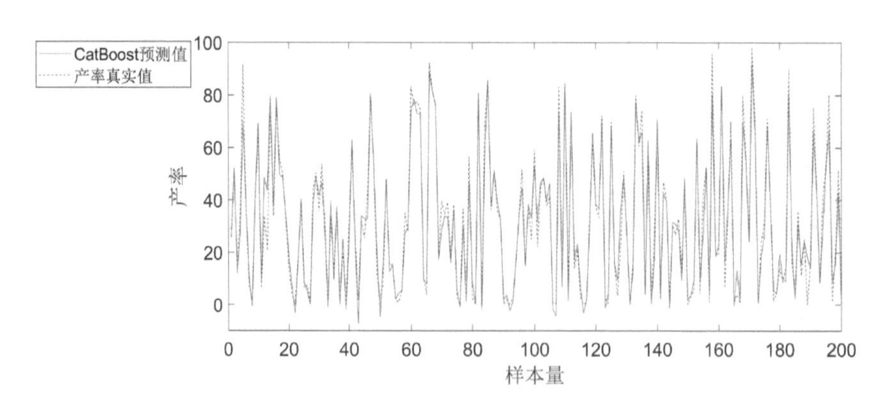

图8-6　CatBoost模型对真实产率的拟合情况

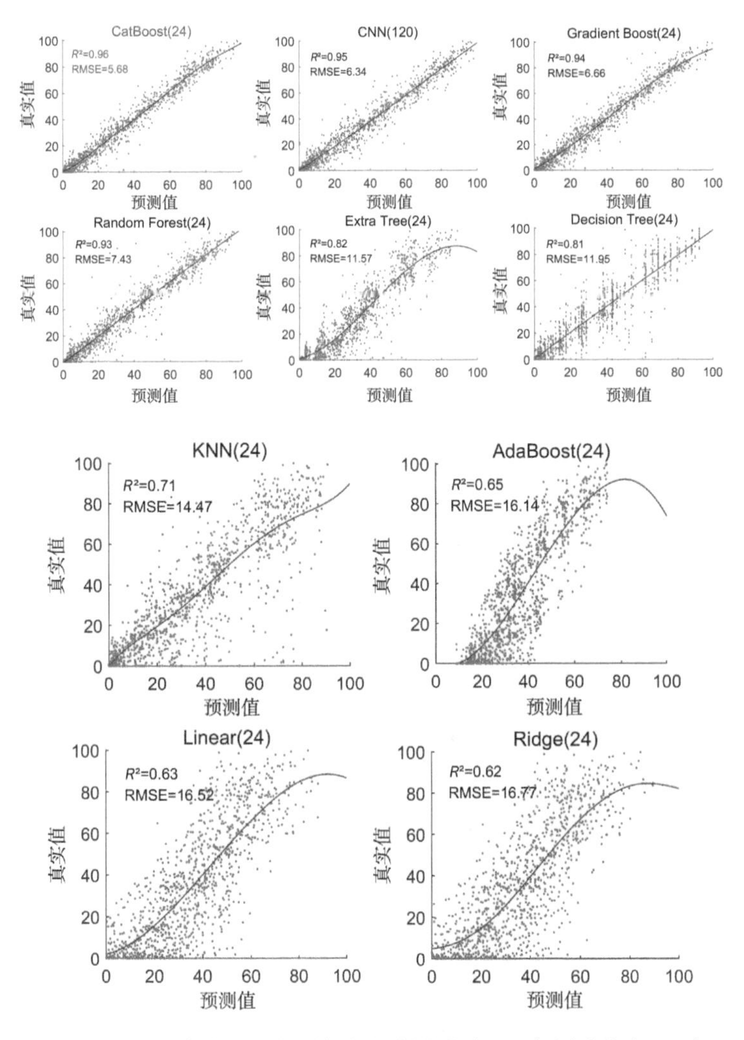

图 8-7 不同模型预测结果的对比(训练集为 70%,测试集为 30%)

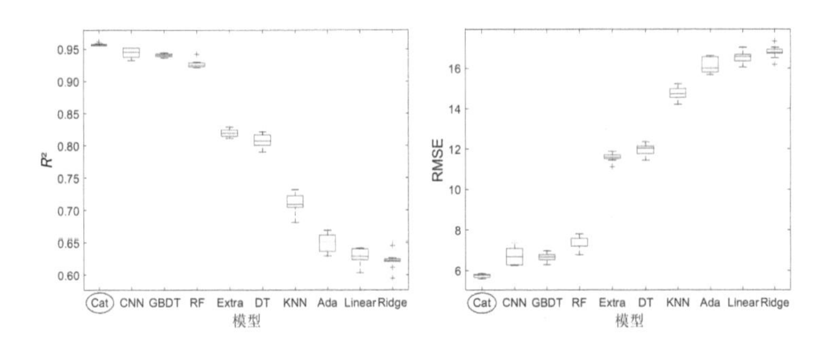

图 8-8 不同模型的预测精度箱线图

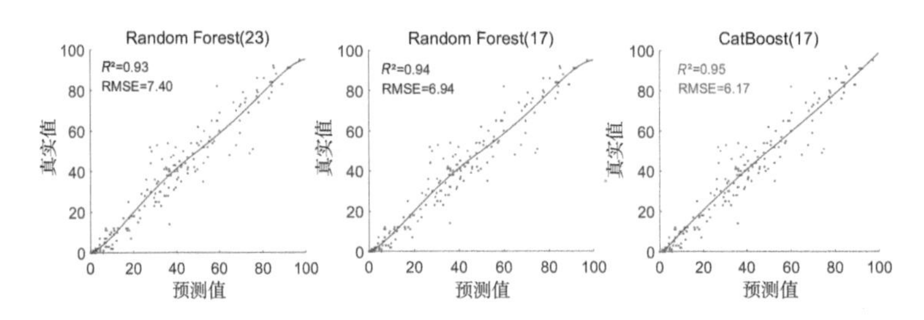

图 8-9　CatBoost 和随机森林预测结果对比

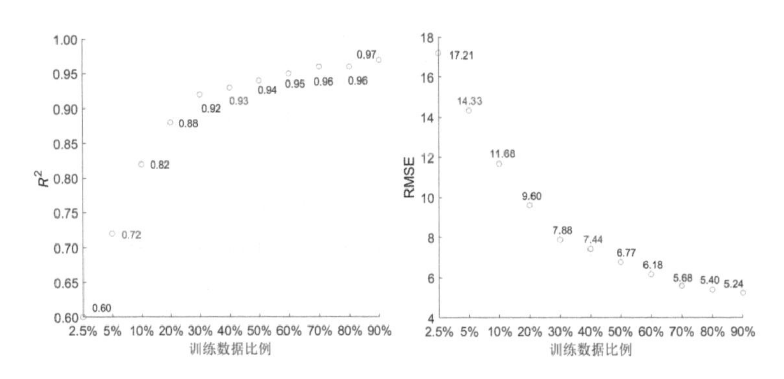

图 8-10　CatBoost 模型在 24 个特征描述符的不同比例训练数据下的预测结果

8.3.4 时间复杂度分析

在实际应用过程中不应只追求预测精度,也要考虑预测的时间成本,如果以很高的时间代价换取较高的预测精度是难以让算法真正运用于实际生产当中的。值得注意的是,CatBoost 算法一个显著的优点是运行速度快,各个模型的运行时间如表 8-2 所示(重复 10 次实验的平均结果)。可以看到,在相同的计算机配置下,CatBoost 模型的运行时间虽不如线性回归等模型短,但 CatBoost 模型预测精度却远超于他们,所以综合来看,CatBoost 的运行时间已十分理想。

表 8-2　各个算法运行时间比较

算法	运行时间(秒)
CNN(120)	273.24
Random Forest(24)	12.84
Extra Tree(24)	4.63
AdaBoost(24)	4.35
Gradient Boost(24)	4.35
CatBoost(24)	1.62

续表

算法	运行时间(秒)
KNN(24)	0.15
Ridge(24)	0.05
Decision Tree(24)	0.04
Linear(24)	0.02

8.3.5 泛化性能分析

为了评估 CatBoost 模型的泛化性能,本节进行了样本外预测实验。即将数据集划分为两个不相交的部分,一部分作为训练集训练模型,另一部分作为测试集对模型进行预测,即样本外预测。类似地(Ahneman et al.[5]),本节随机选择 5 种添加剂(15、18、19、21、22)作为未知反应条件,用剩下的已知反应条件作为训练数据,未知的反应条件作为测试数据,以预测化学反应产率为目标。样本外预测添加剂的结构图如图 8-11 所示,样本外预测结果如图 8-12 所示。

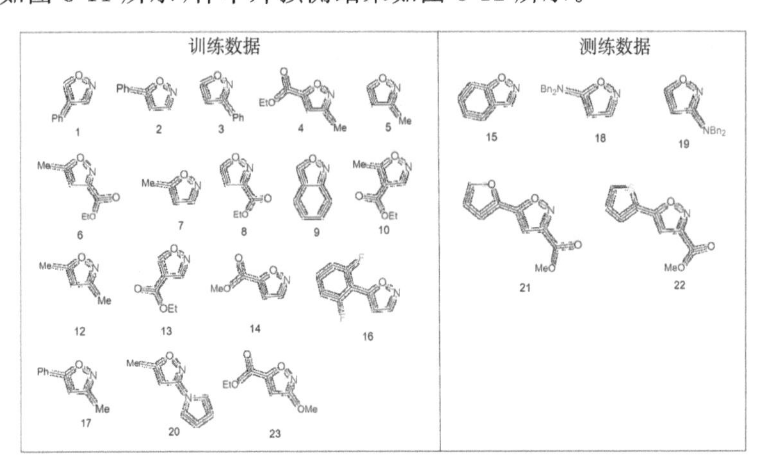

图 8-11 5 种样本外预测的添加剂结构示意图

图 8-12 的结果表明:

(1) 与随机森林(Ahneman et al.[5])的结果相比,CatBoost 模型的 RMSE 最大,R^2 最小,预测结果更准确。

(2) 对于这 5 种添加剂的样本外预测,计算它们结果的平均值为:RMSE=6.73,R^2=0.92,没有一种添加剂与模型的预测有明显的系统偏差。这说明这些取代基对反应结果的影响可以被描述符很好地捕获。

(3) 本章的模型可以预测一种新的异恶唑或芳基卤化物[60]结构对 Buchwald-Hartwig 偶联反应结果的影响。

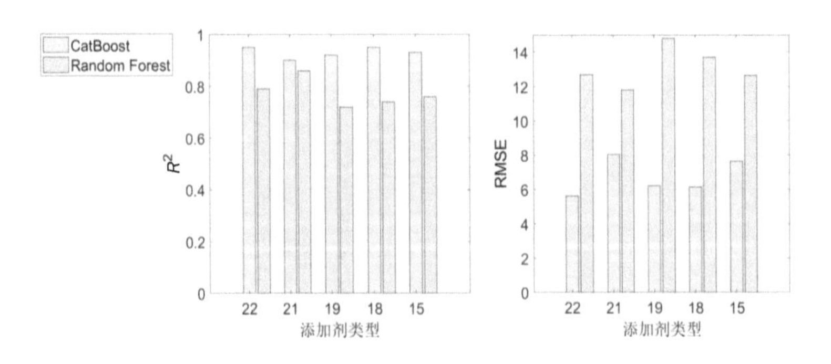

图 8-12　CatBoost **和随机森林样本外预测结果对比**

以第 22 个添加剂为例，对样本外预测产率的实际值与预测值间的拟合效果进行了可视化展示。如图 8-13 所示，预测产率与真实产率两条线贴合的十分紧密，即两者之间的误差非常小，拟合效果良好，这再次证明了样本外预测结果是真实可靠的。

综上所述，本章基于 CatBoost 模型构建的产率智能预测与分析系统具有良好的泛化能力，这将大大提高实验人员的科研效率，避免实验的大量重复操作，拓展了模型的适用性，有效节约了实验资源，符合绿色化学理念。

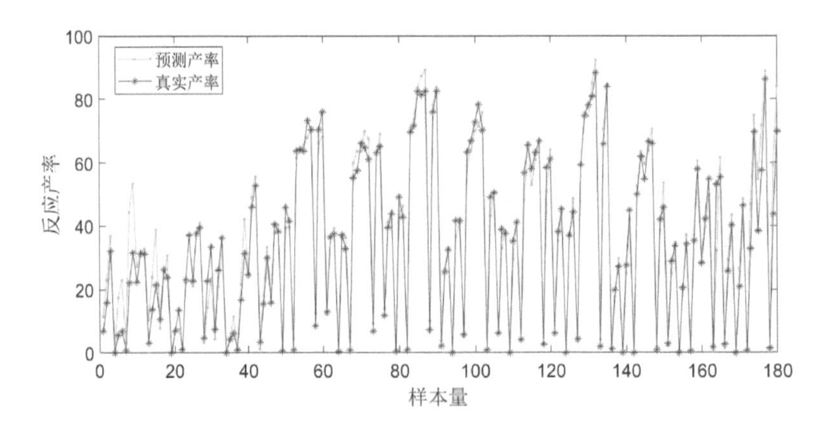

图 8-13　**样本外预测可视化结果(以第** 22 **个添加剂为例)**

8.3.6 产率影响因素分析

在得到训练好的模型之后，本节采用了 3 种可解释性方法从不同的角度分析了特征与产率间的关系，挖掘影响产率的重要因子。首先根据饼状图得到四种反应组各自的占比，从宏观上得到哪种反应组分对产率的影响较大，然后利用 CatBoost 模型输出的重要性排名分析了特征在建模过程中的重要程度，并借助重要性排名进一步验证了特征的有效性，最后通过 ALE 值和 SHAP 值进一步分析了反应条件即特征描述符与产率内部的关系，全方位、多角度的为科研人员提供更多的决策信息。

1. 特征重要性分析

在获得了一个预测模型后，本节试图了解显著影响反应产率预测的因子，为提高 Buchwald-Hartwig 偶联反应的产率提供有价值的信息。图 8-14 显示的是这 24 个特征描述符的类别分布，结果显示，添加剂(Additive)和芳基卤化物(Aryl)占比最多，它们可能是影响产率预测的主要因素。然后通过 CatBoost 模型输出了特征描述符的重要性，特征重要性排序如图 8-15 所示。从图 8-15 中可以观察到：在前 10 个最重要的特征描述符中，包含了四种芳基卤化物、三种添加剂、两种配体和一个基底，其中有 7 个描述符与电负性(Electronegativity)、核磁共振位移(NMR)有关，包括芳基卤化物上的 * C-3 核磁共振位移、* H-2 静电荷、添加剂上的 * C-3 核磁共振位移、* C-4 静电荷、配体上的 * C-8 核磁共振位移、* C-5 核磁共振位移、以及基底上的 * N-1 静电荷。这表明添加剂和芳基卤化物作为亲电试剂可能会影响反应结果，配体的电子效应对金属催化剂的催化性能的调节也起着至关重要的作用。

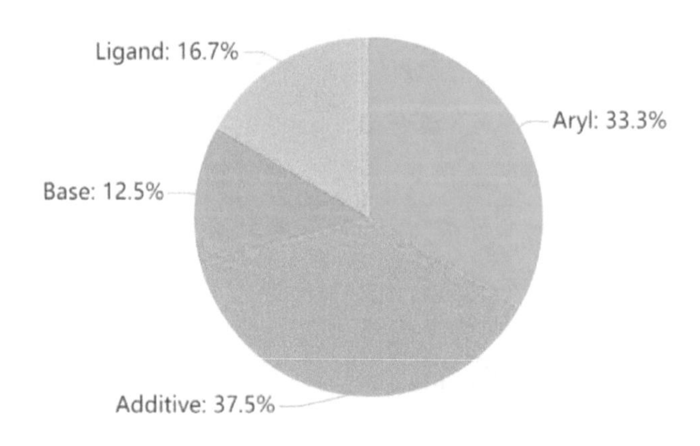

图 8-14　24 个描述符的类别分布

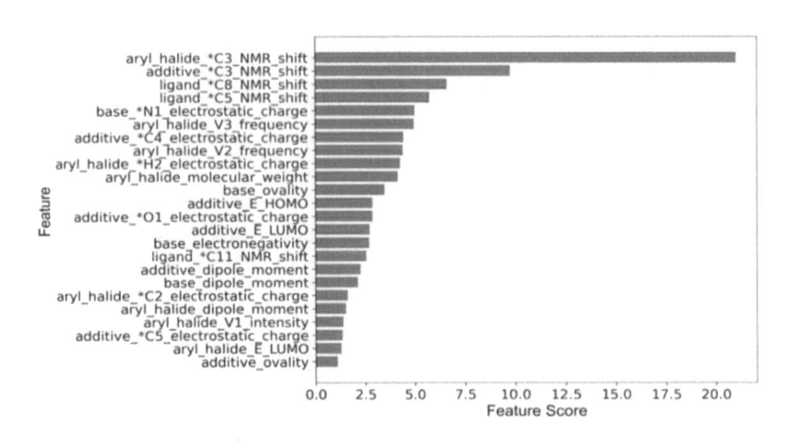

图 8-15　**特征重要性排序**

另一方面，为了验证经过筛选后特征的有效性，基于特征重要性进行排序，选择从高到低的前 15～23 个描述符作为特征再训练 CatBoost（按照 70%和 30%划分训练集和测试集），重复采样 10 次，得到 10 个 RMSE/ R^2，用于绘制相应特征数目对应模型的预测结果（记标签为 0）。同时对从原始数据的 120 个特征描述符中随机抽取的相同数量的特征进行相同的处理（记标签为 1），以绘制预测精度（RMSE/ R^2）作为对比。

从图 8-16 中可以看到，随着特征数量从 23 个减少到 15 个，使用经过筛选后的特征进行训练预测得到的预测精度依旧保持在较高水平，且箱子均很小，说明预测结果分布的比较集中，较为稳定，没有出现明显的波动和差异。相比之下，对于随机选择的特征来说，随着特征数量的减少，其预测精度下降幅度更明显，且箱子也在增大，说明其实验结果分布较为分散，且注意到有很多离群点，实验结果更不稳定。同时，使用按特征重要性挑选的特征进行训练预测得到的预测精度雷达图（图 8-17）十分规则，且实验结果均优于随机挑选特征的情况。综上所述，经过筛选后获得的特征涵盖了全面且重要的信息，实验结果也更加稳定，再次证明了筛选后得到的特征的有效性。

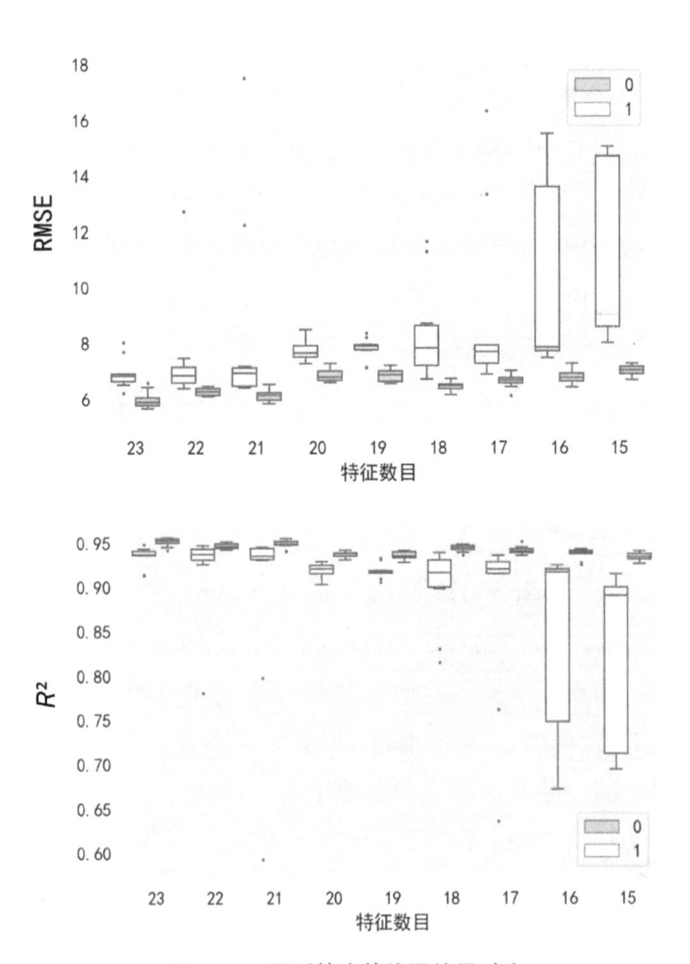

图 8-16 预测精度箱线图结果对比

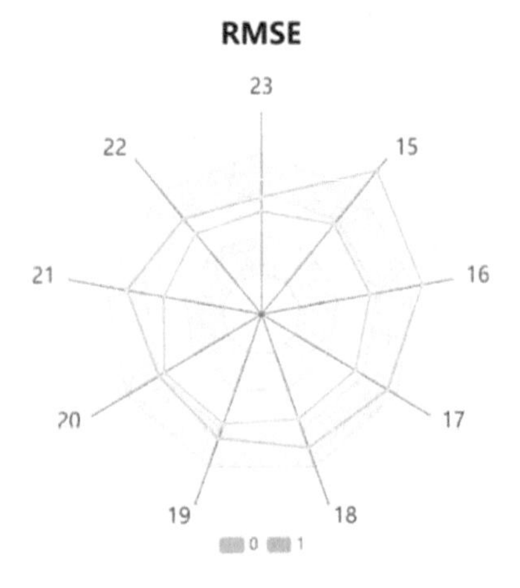

图 8-17 预测精度雷达图结果对比

2. 基于 ALE 值的特征与产率关系分析

ALE 值可用来分析单一特征与反应产率间的关系。ALE 值表示特征在不同取值下的特征效应。在所有描述符中，芳基卤化物占比最多且表示卤化物电负性的描述符排名靠前，于是接下来观察芳基卤化物描述符与反应产率间的关系。横轴显示的是特征的取值，纵轴显示的是特征取值对应的 ALE 值，如当特征 i 取值为 j 时，对应的 ALE 值为 1，则表示该特征在取该特征值时对预测结果起到正面效应，相应的预测值比平均预测值高 1。

结合上节得到的特征重要性，在排名前 10 中的描述符中选取卤化物上的 * C-3 核磁共振位移 aryl_halide_ * C3_NMR_shift、* H-2 静电荷 aryl_halide_ * H2_electrostatic_charge、V2、V3 分子振动频率 aryl_halide_V3_frequency、aryl_halide_V2_frequency 以及分子质量 aryl_halide_molecular_weight 进行分析。如图 8-18(a)所示，aryl_halide_ * C3_NMR_shift 和 aryl_halide_ * H2_electrostatic_charge 的 ALE 值变化较为剧烈，均出现了“直线式变化”，特征描述符 aryl_halide_ * C3_NMR_shift 的 ALE 值变化幅度最大，即该特征描述符对预测结果的影响最大，在特征值取 100～150 之间时，该特征描述符的 ALE 值发生了从负值到正值的直线式上升，并在此后 ALE 值保持在一个较高且平稳的状态，说明此后阶段该特征描述符的特征效应为积极效应，模型的输出即为反应产率高于平均产率值。特征描述符 aryl_halide_ * H2_electrostatic_charge 的 ALE 值变化幅度有所减小，这是由于该描述符特征重要性排名落后于 aryl_halide_ * C3_NMR_shif，对产率的影响程度有所减弱。但该描述符在特征值取 0.1 左右时发生了直线式下降，并以 0.1 为分界点，当特征值小于 0.1 时，反应产率比平均预测值大 3，起到积极影响，当特征值大于 0.1 时，反应产率比平均预测值低 2，起到消极影响。aryl_halide_V3_frequency、aryl_halide_V2_frequency 的 ALE 值变化过程幅度不同，即对产率的影响程度不同，且前者 ALE 值的变化更剧烈一些。以上分析说明亲电性卤化物可能对反应产率产生较为强烈影响，而且芳基卤化物在不同振动模式下，振动频率的变化并不相同，对反应产率的影响也有所差别。

添加剂是第二大占比的反应组分，所以接下来观察添加剂描述符与反应产率间的关系。与上同理，选取描述符 additive_ * C3_NMR_shift、additive_ * C4_electrostatic_charge 和 additive_E_HOMO 进行分析。从图 8-18(b)可以看到，描述符 additive_ * C3_NMR_shift 的 ALE 值变化幅度最大，即对产率的影响程度最大，在特征值取 150 之后，该描述符的 ALE 值逐渐上升，并在此后 ALE 值保持在一个较高水平，说明此后阶段该特征描述符对反应产率起积极影响。从图 8-18(b)可以看到，前两个表示添加剂附加电子性质的描述符显然比添加剂的最高占据分子轨道(HOMO)additive_E_HOMO 对产率的影响程度更大，产生以上不同的关键原因在于添加剂作为一种富电子体系会强烈影响反应结果。

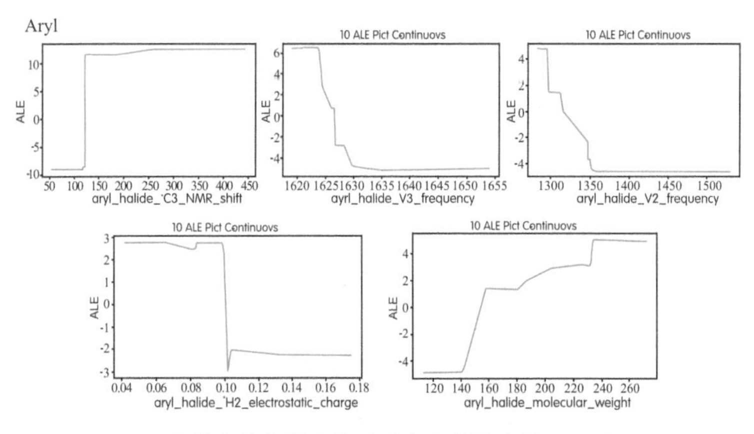

(a)芳基卤化物描述符对反应产率影响的 ALE 图

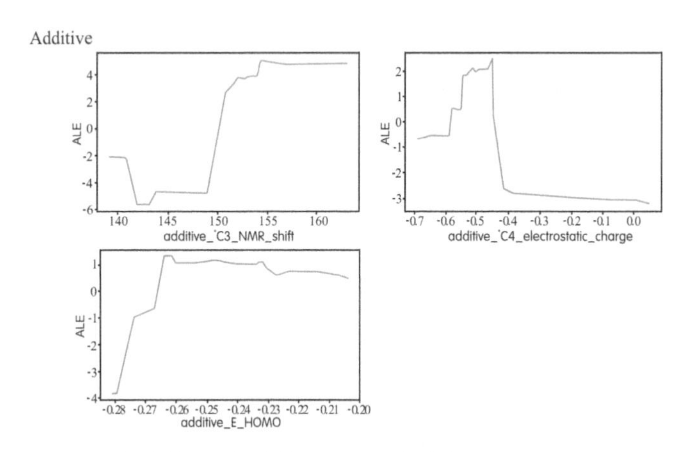

(b)添加剂描述符对反应产率影响的 ALE 图

图 8-18 ALE 值分析

3. 基于 SHAP 值的特征与产率间相关性分析

通过对特征重要性的分析，明确了在模型预测过程中起着重要作用的特征。然而，我们并不清楚特征对预测结果的影响效果是怎样的，所以进一步了解特征与产率间的相关关系是十分有必要的。SHAP 概要图可分析特征描述符与反应产率间的相关关系。

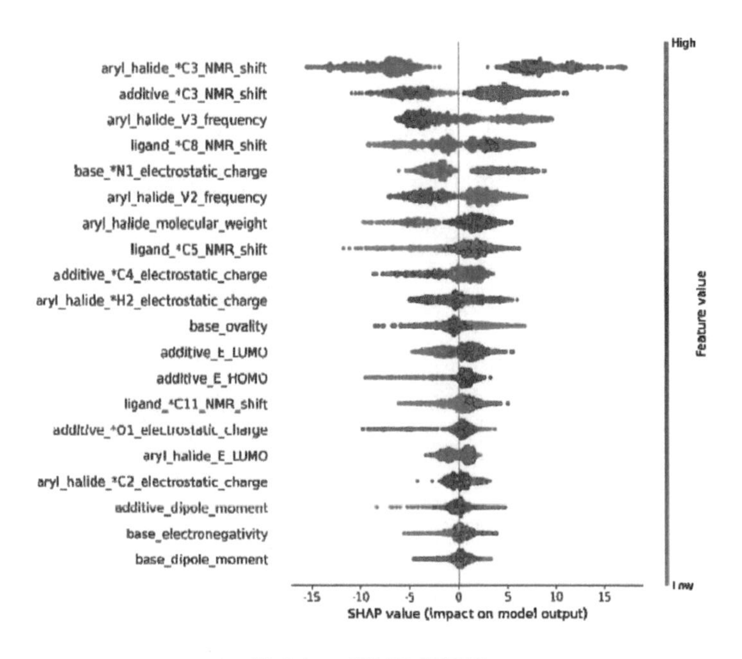

图 8-19　SHAP 概要图

SHAP 概要图如图 8-19 所示，每一行代表一个具有 SHAP 值的特征描述符，一个点代表一个样本，颜色表示特征描述符的特征值。颜色代表特征值从小到大。从图 8-19 中可以观察到，特征描述符 aryl_halide_ * C3_NMR_shift 虽有少量红色样本点出现在右边，但大多数蓝点聚集在左边，所以该特征描述符与反应产率之间基本成正相关关系，即描述符的特征值越大，反应产率就越大。同时也注意到，描述符 ayrl_halide_V3_frequency 对化学反应产率也有显著影响，而且大部分蓝点集中在右侧，只有少量红点集中在左侧，说明该描述符与反应产率基本呈负相关关系，即描述符的特征值越大，对应的反应产率就越小。其余特征描述符与反应产率的相关性分析同上，这里不再逐一分析。

4. 基于 SHAP 值的特征交互分析

反应条件的组合在化学反应中是非常重要的，所以量化这些化学组合交互作用并揭示隐藏的内部关系是必要的，并且是将有助于为科研人员提供更加丰富的实验信息的。通过前面的分析得到卤化物和添加剂可能会对产率产生较大的影响，尤其是描述符 aryl_halide_ * C3_NMR_shift 与 additive_ * C3_NMR_shift 在模型预测过程中较为重要，因此，本节利用 SHAP 值方法进一步分析两特征共同作用下对反应产率的影响情况。Shapely 交互指数 Φ_{ij} 通过在所有特征对之间分配信用，扩展了 Shapely 值，在此基础之上，SHAP 交互作用值被定义为：

$$\Phi_{ij}=\sum_{SiM\setminus(i,j)}\frac{|S|!(|M|-|S|-2)!}{2(|M|-1)!}\nabla_{ij}(S). \tag{8-10}$$

其中，$\nabla_{ij}(S)=f(S\cup\{i,j\})-f(S\cup\{i\})-[f(S\cup\{j\})-f(S)],i\neq j$，$f(S)=E[f_x(x)x_s]$.

图 8-20 为两特征的 SHAP 依赖图，事实上，默认第二个特征是自动选择的，即尝试挑选出与 additive_ * C3_NMR_shift 交互作用最强的特征，在不指定第二个特征时，该图自动选择的依旧是 aryl_halide_ * C3_NMR_shift，说明这两个描述符之间确实存在较强的相互作用关系。横轴为特征描述符 additive_ * C3_NMR_shift 的特征值范围，纵轴为其 SHAP 值，右边是对比的描述符 aryl_halide_ * C3_NMR_shift 的特征值范围，其中，红色代表该描述符的高特征值部分，蓝色代表该描述符的低特征值部分。颜色分析的是 aryl_halide_ * C3_NMR_shift 在 additive_ * C3_NMR_shift 变化过程中的分布。图底部的浅灰色区域显示的是数据值分布的直方图。从图中可以观察到：

当描述符 additive_ * C3_NMR_shift 的特征点取值集中分布在区间(140,145)和(150,155)之间；当描述符 additive_ * C3_NMR_shift 在 b 之前取值时，蓝点多红点少，且其 SHAP 值多为负值，说明对于取值在 b 之前的描述符 additive_ * C3_NMR_shift 来说，描述符 aryl_halide_ * C3_NMR_shift 的取值越小，描述符 additive_ * C3_NMR_shift 对反应产率产生的负面影响越大。

当描述符 additive_ * C3_NMR_shift 在 $(b,150)$ 之间取值时，无论描述符 aryl_halide_ * C3_NMR_shift 如何取值，描述符 additive_ * C3_NMR_shift 的 SHAP 值均为负值，即都对反应产率起负面影响。且注意到红点多分布在下方，这说明描述符 aryl_halide_ * C3_NMR_shift 的高特征值部分更容易对反应产率产生消极影响。

当描述符 additive_ * C3_NMR_shift 在 150 之后取值时，无论特征描述符 aryl_halide_ * C3_NMR_shift 如何取值，描述符 additive_ * C3_NMR_shift 的 SHAP 值均为正值，即都对反应产率起正面影响。且此时红点多分布于上方，这说明描述符 aryl_halide_ * C3_NMR_shift 的高特征值部分更容易对反应产率产生积极影响。

从以上分析中可以得到以下结论，当描述符 additive_ * C3_NMR_shift 在 150 之后取值，aryl_halide_ * C3_NMR_shift 越高，对产率产生的积极作用越大，越容易获得高产率。结合前文对特征变量与反应产率间相关性分析可知，这两个特征描述符均与反应产率呈正相关关系，但从交互分析得知，即使是“正正联手”也要受“具体条件”（这里指不同的取值）的限制才能获得理想的反应产率。

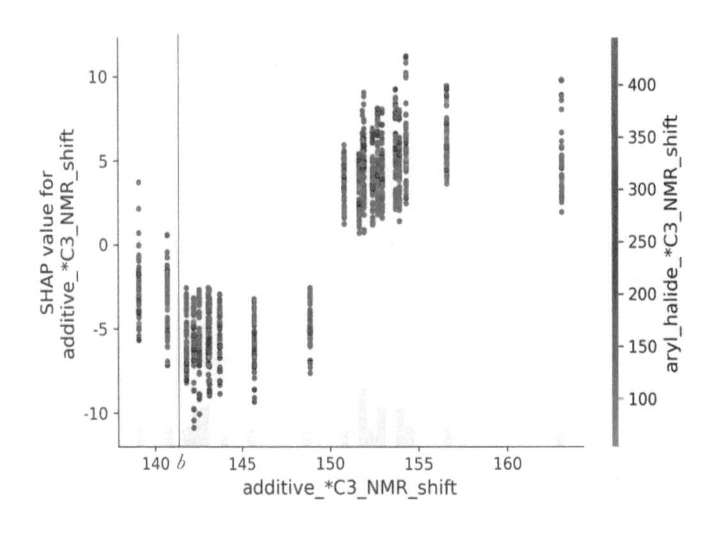

图 8-20　两特征描述符的 SHAP 依赖图

然后，本节具体展示了在这两个特征描述符的不同取值组合下获得的反应产率的情况。结果如图 8-21 所示，横轴是描述符 additive_ * C3_NMR_shift 的取值范围，纵轴是 aryl_halide_ * C3_NMR_shift 的取值范围，点的颜色越黄代表获得的反应产率越高。比起低产率我们更加关心高产率，从图中可以观察到，当 additive_ * C3_NMR_shift 的取值为 153.74，aryl_halide_ * C3_NMR_shift 的取值为 256.46 时，反应产率达到最大为 99.03，且通过上一节 ALE 值分析也可以发现这两个取值均落在其各自 ALE 值大于 0 的区间内，这与前面分析得到的结论是一致的。

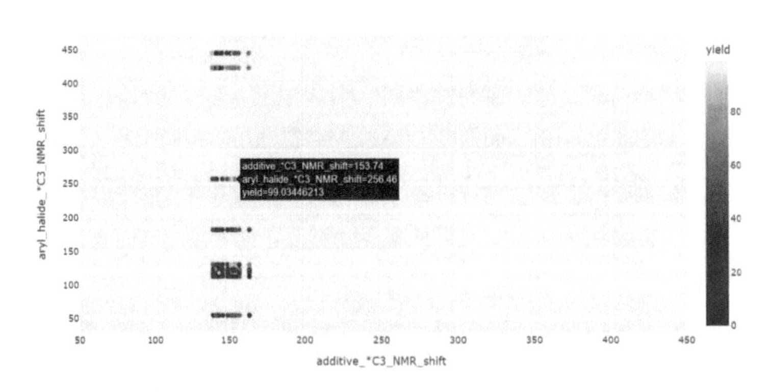

图 8-21　特征描述符不同取值搭配下的反应产率的情况

5. 单个样本的 SHAP 分析

由于个体之间存在差异，所以了解特征在样本预测过程中所表现的特征效应是有必要的。SHAP 力图可以提供预测过程的细节，该图侧重于解释单个预测是如何生成的，以及各个特征是如何影响模型决策的。箭头越长，特征对输出的影响越大。通过横轴上刻度值可以看到影响的减少或增加量。红色特征使预测值变大，蓝色使预测值变小，而颜色区域宽度越大，说明该特征的影响越大(图中数字是特征的具体数值)，base_value 是所有样本的平均预测值，output_value 即 $f(x)$ 是样本的预测值。随机选择一个样本为例说明，如图 8-22 所示，特征描述符 aryl_halide_ * C3_NMR_shift 和 base_ * N1_electrostatic_charge 是对模型的输出(即预测值)正贡献最大的两个特征描述符；特征描述符 aryl_halide_V3_frequency 和 aryl_halide_V2_frequency 是对预测值负贡献最大的两个描述符。但注意到当特征较多时，力图便不能很完整地展现各个特征的特征效应，于是考虑换用瀑布图进行可视化展示。

瀑布图有力地展示了一个样本如何从基准值累积到图顶部的模型预测结果，同时给出了各个特征的影响大小和方向。图 8-23 为该样本的瀑布图，它显示了该样本的预测过程以及各个特征在模型预测过程中各自的贡献。每行显示每个特征的正(红色)或负(蓝色)贡献如何将值从基准值移动到模型的最终输出，描述符名称旁边的值是它们的特征值。从瀑布图的底部基值 32.94 开始，红色 SHAP 值表示会增加预测，蓝色 SHAP 值表示会减小预测，在基准值的基础上添加(红色)或减去(蓝色)值即可得到最终的预测结果 $f(x)$，即 $32.94+5.33-4.78-4.37+3.78+3.47+2.49+1.7+1.5-1.33+5.4=46.13$，最终得到模型的输出结果 $f(x)$ 为 46.13。相较于力图，瀑布图更加直观地展示了模型的输出过程，以及在预测过程中起到重要作用的特征及其“贡献”情况。

这将在实际操作中为研究人员提供更加全面、细致的帮助，让实验员可以了解到在一个具体的化学反应中特征描述符表现出的具体的特征效应，以便他们对实验进行针对性的调整。

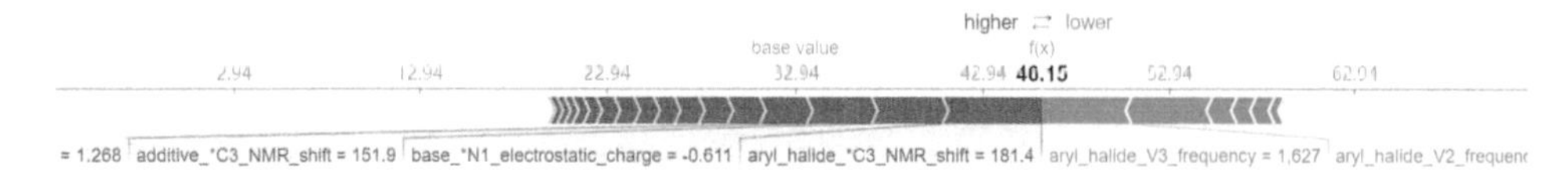

图 8-22　SHAP 力图

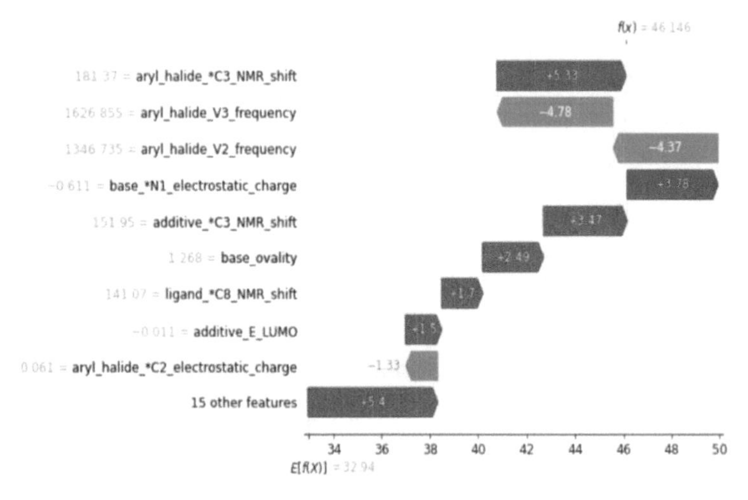

图 8-23　SHAP 瀑布图

6. 多样本聚类 SHAP 分析

本小节采用堆叠的 SHAP 力图进行聚类，对整体样本点进行分析，SHAP 聚类图是将单样本的力图旋转 90 度并横向堆叠后得到的。由于样本量较大不易全部展示，所以这里仅展示前 100 个样本的预测情况。

结果如图 8-24 所示，纵轴是预测值 $f(x)$，横轴表示样本数量，该图会把具有相似 SHAP 值的样本聚集在一起，横坐标为样本重新排列的序号，鼠标点击后会显示这个样本的原始索引，鼠标随意指到任何位置，就可以看到不同特征及其 SHAP 值。每个样本由红色区域和蓝色区域组成，蓝色阴影部分表示对模型输出产生的负面影响，红色阴影部分表示对模型输出产生的正面影响。红色区域越大，说明正影响越强，反之，蓝色区域越大，说明负影响越强。聚类突出：图中居中部分(序号在 30 到 50 之间)蓝色区域较多，是模型的输出即反应产率低于平均值的反应；图中后半段(序号在 60 到 80 之间)红色区域较多，是模型的输出即反应产率高于平均值的反应。图 8-24 中以划到的第 71 个样本点(实际索引是 13)的特征的 SHAP 值情况为例进行展示，在各个特征的共同作用下该样本最终的预测值为 79.59 高于平均预测值。

在实际操作中，实验者可通过该图将具有相似性质的反应样本进行聚类，从而不必逐一查看每个化学反应具体的反应情况。通过查看它们的共性特征，可以有效地缩小调整范围，提高科研效率，同时节约实验资源。

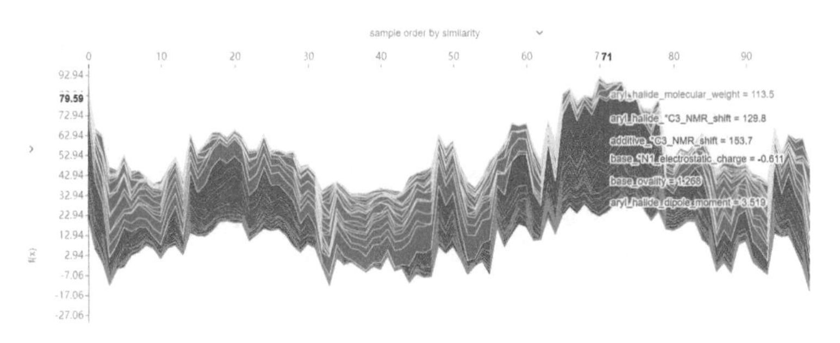

图 8-24 SHAP 聚类分析

综上分析，在 Buchwald-Hartwig 偶联反应中，亲电试剂能够与零价钯配合物发生氧化加成反应，生成二价钯的过渡态化合物，用于产物的最终生成，其中添加剂和卤化物作为亲电试剂是影响反应产率的两大重要成分，这与客观事实是相符的，说明本文所构建的模型的输出结果是真实可靠的。值得注意的是，以上分析得出的结论有必要结合研究人员的经验和具体实验环境进行综合决策。

8.4 本章小结

本章利用一种预测性能优良且具有良好可解释性的集成树模型 CatBoost 构建了一个产率智能预测与分析系统。通过与其他机器学习模型相比较，结果显示了其优秀的预测能力，实现了对反应产率高效精准的预测之后，进行了样本外预测，结果证明了其良好的泛化能力，除了 Buchwald-Hartwig 偶联反应外，也可以用于其他化学反应，这将有利于加快化学反应的研究进程。最后，通过特征重要性、ALE 图以及 SHAP 值分析方法深入挖掘反应条件和反应产率之间的内部关系，在优化化学设计方案方面为化学研究人员提供了更多的帮助与建议。

9 基于 ChemCNet 模型的产率智能预测与分析

在通常的学习任务中，有必要获取一些高层次的抽象特征，从而得到一个好的表示，以便后续模型可以高效地利用这些特征完成学习任务，同时也增强模型的鲁棒性。深度学习是目前最灵活的特征表示方法，它可以通过多层网络抽取高度抽象化的特征表达，更深层次地刻画数据丰富的内在信息，从而具备强大的特征表示能力和对复杂任务的建模能力。其中，卷积神经网络是深度学习模型中最成功的模型。本章构建了一个由集成提升树 CatBoost 和注意力驱动的轻量级卷积神经网络结合的产率智能预测与分析系统——ChemCNet（CatBoost and Neural Network for Chemistry），在加大挖掘深层次特征力度的同时提高产率预测效率。

9.1 基于 ChemCNet 的产率智能预测与分析模型构建

为进一步获取数据深层表示特征，提高预测精度，本章在特征选择的基础上，结合数据自身特性，为数据“量身定制”了一个轻量级的二维卷积神经网络架构，降低了模型的复杂度。同时该架构添加了一个轻量级的注意力模块聚焦关键特征，让网络结构更加科学高效，构建了 ChemCNet-0 特征学习网络。该特征学习网络同时具备了卷积神经网络强大的特征学习能力和注意力机制聚焦关键特征的能力。

但注意到，深度卷积神经网络（Deep Convolutional Neural Networks，DCNN）模型的优势在于能够深入挖掘数据深层次的高维特征，劣势在于全连接层需要较多神经元，会带来较多的参数，这将存在两大局限：一方面模型需要学习的参数较多，计算复杂；另外一方面全连接层神经元过多容易提高过拟合风险。而 CatBoost 模型的优势在于调参难度小，不容易过拟合，并且模型训练速度较快。于是，为降低全连接层的过拟合风险及相应的复杂运算，提高运算效率，将 ChemCNet-0 与 CatBoost 模型进行结合，即将 ChemCNet-0 特征学习网络提取的抽象特征作为输入导入 CatBoost 模型进行训练预测，其余结构保持不变，最终构建了 ChemCNet 混合模型，具体为：

以上一章获取的 24 维特征描述符作为输入数据，即设 $Input=(i,u)$，其中，i 是特征，其维数是 24，u 是产率。为了使得描述符数据集转换为卷积神经网络的输入格式，将特征集（1×24）扩展为（1×25）（随机选择一列拼接到最后一列之后），以便可以调整得到大小为 5×5 的描述符矩阵。即此时 $Input'=(I,U)$，其中，$I=(None,5,5,1)$。每个卷积核都可以看作是一个特征滤波器来提取重要的特征，从而可以过滤掉那些无用的特征。即：

$$X_{i+1}=Relu(X_i \cdot \omega_{i+1}+b_{i+1}), \tag{9-1}$$

其中，X_{i+1} 是第 i 层卷积层的输出，ω_{i+1} 和 b_{i+1} 分别是第 $i+1$ 层的权重系数和偏置。注意到，24 维输入的值都应该与输出的值相关，每个描述符都包含特定的不可忽略的化学信息，所以有必要尽可能地保留所有的数据。经典的 DCNN 模型包括卷积层、池化层、激活函数和全连接层。但是，由于池化层的压缩特性，将会消除许多有用的描述符。因此，鉴于数据的化学背景，考虑删除池化层，以便保持输入信息的完整性。

深度学习中注意力机制的工作目标是在众多的信息中选择出对当前任务目标更关键的信息。于是，为了使得网络更加关注那些重要特征，引入了注意力机制层，使网络结构更加科学高效，进一步提升网络性能。近年来，将通道注意力纳入卷积块引起了人们的关注，在提高深度卷积神经网络的性能方面发挥了巨大的潜力[61-64]。2020 年，Wang 等人提出了一个高效通道注意力模块（Efficient Channel Attention，ECA），该模块只涉及少量参数，在显著降低复杂度的同时也带来明显的性能增益。于是为了避免复杂的网络结构，本文采用 ECA 模块作为注意力机制层。

ECA 模块是一种不需要降维的局部交叉通道交互策略，它有效地捕获了跨通道交互的信息，而且可以通过一维卷积有效地实现。ECA 模块结构如图 9-1 所示。首先在没有降维的情况下进行通道级全局平均池化（Global Average Pooling，GAP）获得聚合特征 y，然后 ECA 模块考虑每个通道及其 k 个邻居来捕获局部跨通道交互信息——通过大小为 k 的快速一维卷积有效地实现，其中核大小 k 表示局部跨通道交互的覆盖范围，最后使用 sigmoid 激活函数学习通道注意。

设一个卷积块的输出为 $X\in R^{W\times H\times C}$，其中 W，H 和 C 分别为宽度、高度和通道维度（即滤波器的数量），不降维的聚合特征 $y\in R^{C}$。如式（9-1）所示，ECA 模块使用了一个频带矩阵(band matrix)$\boldsymbol{W}_k$ 学习通道注意,并且该式避免了等式中不同群体之间的完全独立。

$$\boldsymbol{W}_k=\begin{bmatrix} w^{1,1} & \cdots & w^{1,k} & 0 & 0 & \cdots & \cdots & 0 \\ 0 & w^{2,2} & \cdots & w^{2,k+1} & 0 & \cdots & \cdots & 0 \\ \vdots & \vdots & \vdots & \vdots & \ddots & \vdots & \vdots & \vdots \\ 0 & 0 & 0 & 0 & 0 & w^{C,C-k+1} & \cdots & w^{C,C} \end{bmatrix}. \tag{9-2}$$

这里涉及 $k\times C$ 个参数,y_i 的权重的计算只考虑 y_i 和它的 k 个邻居之间的相互作用,即 $\omega_i=\sigma(\sum_{j=1}^{k} w_i^j y_i^j)$,$y_i^j\in\Omega_i^k$,其中 Ω_i^k 表示 y_i 的 k 个相邻通道的集合。一种更有效的方法是使所有通道共享相同的学习参数,即:

$$\omega_i=\sigma(\sum_{j=1}^{k} w^j y_i^j),y_i^j\in\Omega_i^k. \tag{9-3}$$

注意到这种策略可以很容易地通过一个核大小为 k 的快速一维卷积来实现,即:

$$\omega=\sigma(C1D_k(y)), \tag{9-4}$$

其中,$C1D$ 表示一维卷积。这就是 ECA 模块,它仅仅涉及了 k 个参数。此时的输出为:

$$A=multiply(X,\omega), \tag{9-5}$$

其中,$multiply()$ 表示对应元素相乘,A 表示注意力机制层的输出。

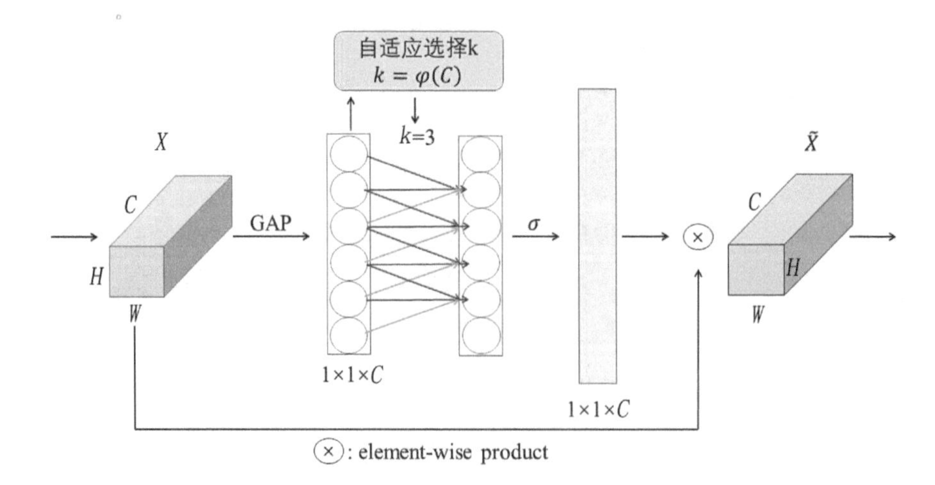

图 9-1　ECA 模块结构示意图(以 k=3 为例)

由于 ECA 模块旨在适当地捕获局部跨通道交互,因此需要确定交互的覆盖范围(即一维卷积的核大小 k)。Wang[65]提供了一个简单的处理方式:很明显 k 和通道 C 的规模有关,通常情况下大尺寸便于捕捉长程依赖关系,小尺寸倾向于捕捉短程交互,那么在 k 和 C 之间可能存在一个映射 $\varphi: C=\varphi(k)$。最简单的映射是一个线性函数,即 $\varphi(k)=\gamma * k-b$。然而,现实生活中的事物之间往往是比较复杂的非线性关系,所以采用线性映射存在较大的局限。众所周知,通道维度 C(即滤波器的数量)通常被设置为 2 的幂。因此,通过将线性函数 $\varphi(k)=\gamma * k-b$ 扩展到非线性函数,引入了一个可能的解,即:

$$C=\varphi(k)=2^{(\gamma * k-b)}. \tag{9-6}$$

然后,给定通道维数 C,核大小 k 可以自适应地确定:

$$k=\varphi(C)=\left|\frac{\log_2(C)}{\gamma}+\frac{b}{\gamma}\right|_{odd}, \tag{9-7}$$

其中,$|t|_{odd}$ 表示最接近 t 的奇数。本章根据数据特点,设置 $b=1,\gamma=2$。

于是,基于经典的 DCNN 模型和化学数据集的特点,通过输入层、隐含层和输出层的简单堆叠自行搭建了一个注意力驱动的轻量级卷积神经网络 ChemCNet-0,其中隐层包括 4 层卷积层,每层激活函数为 ReLU(Rectified Linear Unit)函数,1 层注意力机制层和 3 层全连接层。卷积层的神经元个数分别为 16、32、64、64,卷积核大小均为 1×1,步长均为 1,全连接层的神经元个数分别为 256、256、48,输出层神经元个数为 1。考虑到卷积层的作用是特征提取,所以将注意力机制层即 ECA 模块放置在最后一层卷积层后,对网络最终提取到的抽象特征分配注意力权重,使网络在训练预测时更加聚焦最终提取的关键信息,ChemCNet-0 特征学习网络结构示意图如图 9-2 所示。

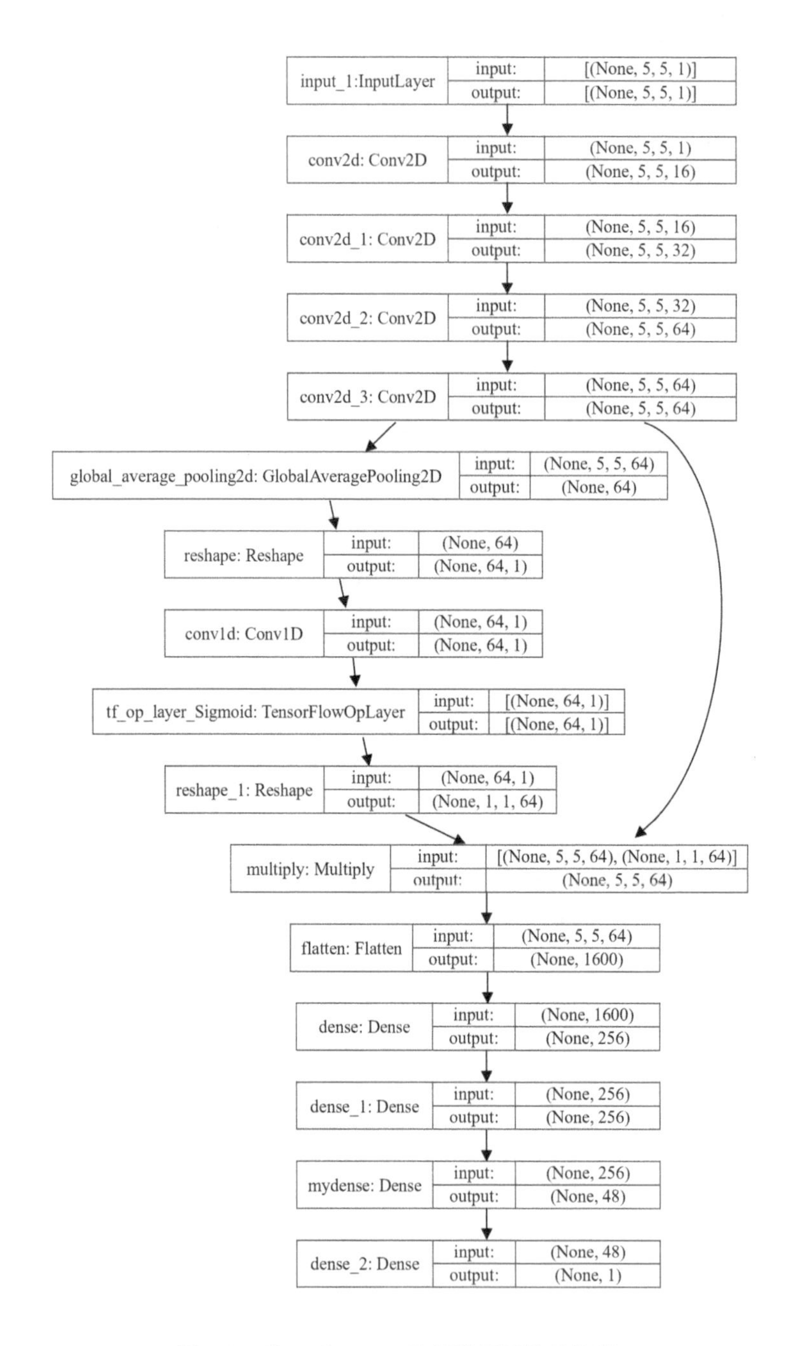

图 9-2　ChemCNet－0 特征学习网络结构图

之后，将最后一层全连接层提取的抽象特征作为新的输入导入 CatBoost 模型进行训练预测。初始化一棵空树 T，利用贪婪算法找出所有可能的分割集合 C，然后从 C 中任选分割 c 并分配给树 T，记为 T_c，计算叶子节点的值 $leaf_i = GetLeaf$

$(x_i, T_c, \sigma), i=1,2,\cdots,n$，其中，$x_i$ 是 ChemCNet－0 特征学习网络提取的特征作为的新输入数据，计算前 i 个叶子节点梯度的平均值 $\Delta_i = avg(grad_{\lfloor \log_2(\sigma(i)) \rfloor}(p))$，$p: leaf_p = j, \sigma(p) < \sigma(i), i=1,2,\cdots,n$，第 c 个分割对应的损失函数值 $Loss(T_c) = \| \Delta - grad \|_2$，选择损失函数最小对应的 $T = \mathrm{argmin}_{T_c}(loss(T_c))$ 即为输出。以上即为 ChemCNet 混合模型的建模过程。

综上所述，ChemCNet 混合模型产率智能预测算法流程如算法 9-1 所示，训练流程图如图 9-3 所示。

算法 9-1：ChemCNet 混合模型产率智能预测算法
输入：第 8 章获取的 24 维特征描述符。 1：准备数据集。数据集按 7：3 划分为训练集和测试集； 2：数据预处理。将第 8 章获取的 24 维特征数据扩展得到 25 维的数据，并对数据进行标准化处理，经过 reshape 操作转化为 5×5 描述符矩阵； 3：模型训练。设置 ChemCNet-0 特征学习网络损失函数为 MSE(Mean Square Error，MSE)，优化算法为 Adam 算法。通过优化算法不断优化损失函数 $loss = \frac{1}{n} \sum (Y_{true} - Y_{pred})^2$，使误差值不断下降，误差反向传播更新神经网络的参数，达到收敛状态后保存网络参数。然后将最后一层全连接层(mydense 层)提取的抽象特征作为训练数据导入 CatBoost 模型进行训练； 4：模型测试。使用训练好的 ChemCNet-0 特征学习网络对测试集进行特征提取，然后把提取到的抽象特征导入 CatBoost 模型得到预测产率 $\hat{y}$，并利用评价指标 $\mathrm{RMSE}(y, \hat{y})$、$R^2(y, \hat{y})$ 与实际产率 y 进行回归拟合分析。 输出：产率预测值以及预测评价指标(RMSE，R^2)。

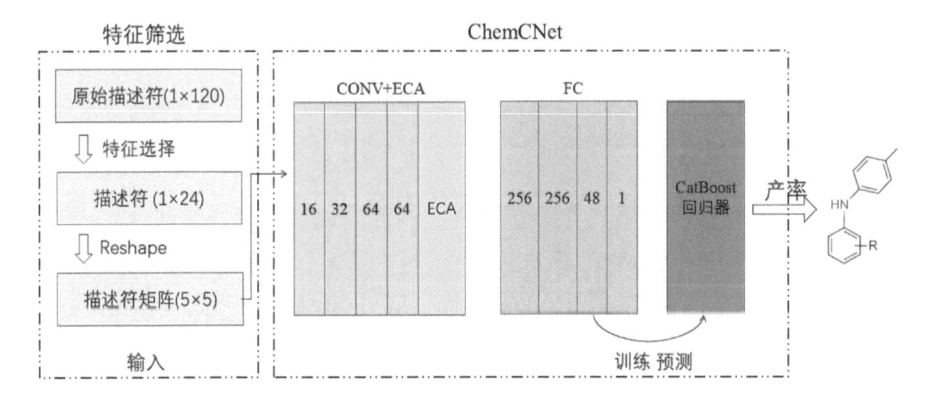

图 9-3 ChemCNet 混合模型训练流程图

9.2 实验结果与分析

本节将从结构设计、特征学习性能、预测精度、泛化性能方面对 ChemCNet 模型进行分析，由于第 8 章已基于 CatBoost 模型进行了可解释性分析，本节便不再分析这方面。

9.2.1 结构分析

一般来讲，卷积层数越多，网络的特征提取能力就越强，提取的信息越全面。但是，卷积层数的增加也会带来更多的参数，从而增加模型的复杂度和训练难度。所以，根据数据特点，模型首先固定全连接层为 2 层，然后分析了 2～5 个卷积层对预测结果的影响。实验结果如图 9-4(a)所示，可以看到，在相同的参数设置下，随着卷积层数的增加，RMSE 在减小，R^2 在提高，并在卷积层数为 4 时达到最优，当卷积层为 5 层时模型预测结果开始下降。所以，设置卷积层层数为 4。全连接层的分析与之同理(实验结果见图 9-4(b))，即当全连接层数为 4(包含最后一层输出层)时效果最优。

接下来，分析池化层对网络学习性能的影响。由于特征维度较低，故 pool_size 采用默认大小为(2,2)，故最多只能添加两层池化层。本小节对池化层的层数以及放置位置做了如下分析。实验结果见表 9-1，可以看到，仅添加一层池化层后，网络的预测精度明显下降，添加两层池化层后的网络的预测精度整体更差，说明添加池化层并不适合本文数据特点，会严重影响网络的学习能力，且添加的层数越多网络的预测精度越差，所以选择去掉池化层。

之后，对 ECA 模块的位置进行分析以选取最优位置。本节依据 Wang[65] 中的设置，将 γ 和 b 分别设为 2 和 1。之后将 ECA 模块分别放置在第一层卷积层后、第二层卷积层后、第三层卷积层后和第四层卷积层后。实验结果如表 9-2 所示，可以看到，放置在第四层卷积层后的网络的预测结果最好，即在没有大量增加网络复杂度的同时对网络性能的提升起到了一定的帮助。至此，设置网络结构为 4 层卷积层、4 层全连接层(最后一层是输出层)和 1 层注意力机制层并将该网络记为 ChemCNet-0 特征学习网络。

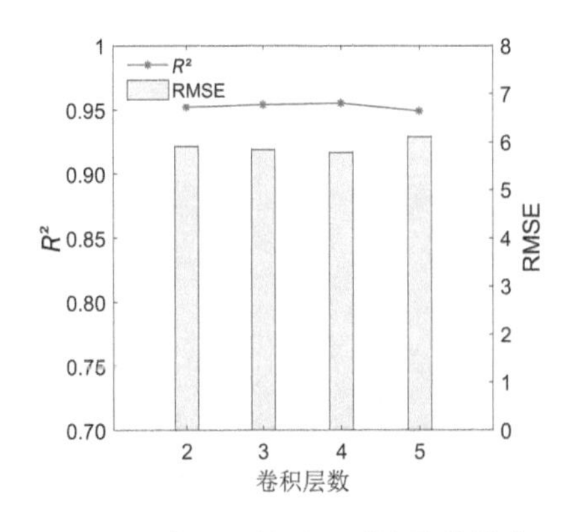

(a)不同卷积层数对预测结果的影响

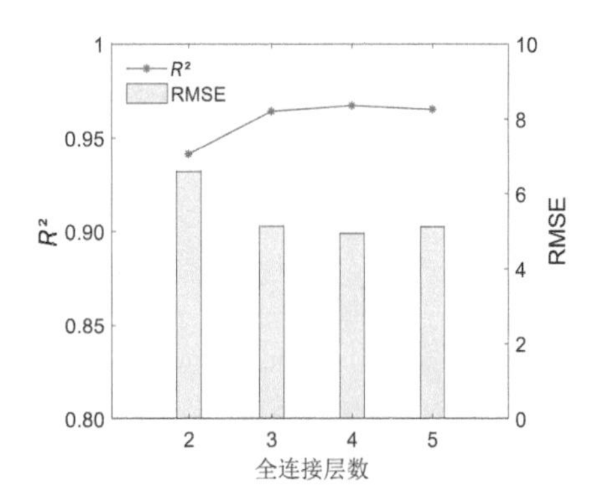

(b)不同全连接层层数对预测结果的影响

图 9-4 池化层对预测结果的影响

表 9-1 池化层对预测结果的影响

池化层的位置	R^2	RMSE
第一层卷积层后	0.57	17.76
第二层卷积层后	0.64	16.27
第三层卷积层后	0.65	16.06
第四层卷积层后	0.66	15.90
平均值	0.63	16.50
1、2 层卷积层后各放一层	0.37	21.41
1、3 层卷积层后各放一层	0.51	19.17
1、4 层卷积层后各放一层	0.56	17.95
2、3 层卷积层后各放一层	0.61	16.99
2、4 层卷积层后各放一层	0.62	16.79
3、4 层卷积层后各放一层	0.64	16.30
平均值	0.55	18.10

表 9-2 ECA 模块在网络不同位置处网络的预测结果

ECA 模块的位置	R^2	RMSE
第一层卷积层后	0.9646	5.07
第二层卷积层后	0.9651	5.06
第三层卷积层后	0.9645	5.12
第四层卷积层后	0.9669	4.92

9.2.2 特征学习性能分析

在确定好 ChemCNet-0 网络结构之后，首先进行了收敛性分析。收敛曲线如图 9-5 所示。可以看到，随着迭代次数的增加，损失值不断下降并最终趋于平稳状态，说明本文设计的 ChemCNet-0 特征学习网络是收敛的，可用于接下来的实验。

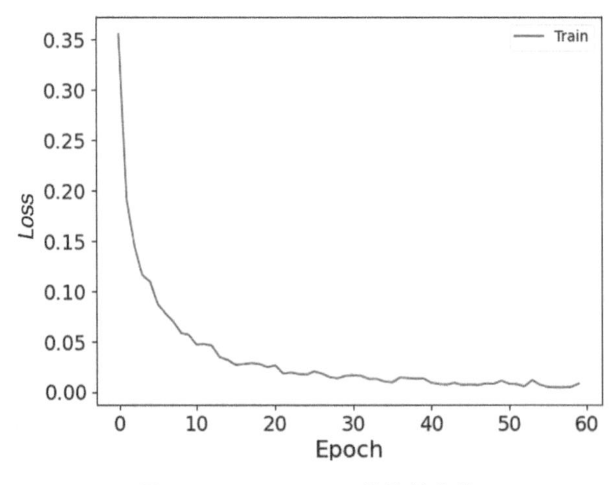

图 9-5　ChemCNet-0 **的收敛曲线**

与传统 DCNN 模型 LeNet 网络以及 Zhao[66] 等人的预测结果进行比较，如图 9-6 示，可以看到 ChemCNet-0 的特征表示能力更强，预测精度达到了 $R^2=0.97$，RMSE=4.92，这显示出了 ChemCNet-0 的适用性和优越性，能够准确全面的捕获重要的特征信息，且 ChemCNet-0 的结构更为简单，有效降低了模型复杂度。

出乎意料的是，我们发现相对较小的训练集可以得到可接受的预测精度，如图 9-7 所示，分别选择数据集的 10%～90%(10%区间)作为训练集。可以看出，当训练集仅占数据集的 30%时，R^2 达到 0.923，RMSE 达到 7.33；当训练集占数据集的 50%时，R^2 达到 0.949，RMSE 降低到 6.13。这一结果表明，与传统的 70/30 分割数据集相比，ChemCNet-0 通过使用相对较小的训练集(50%)亦可获得可接受的学习效果。

另一方面，为分析 ChemCNet-0 的泛化能力，本节进行了交叉验证实验。考虑到只使用一次交叉验证会存在较大的偶然性，于是进行了 10 次十折交叉验证。即原始数据集被平均分为 10 个子数据集。每个子数据集交替保留作为验证，其他 9 个数据集用于训练。图 9-8 给出了交叉验证的示意图。10 次十折交叉验证的实验结果见表 9-3。实验结果表明，ChemCNet-0 具有良好的泛化能力。

综上所述，ChemCNet-0 不仅具有优秀的特征学习能力，能够进一步提取数据内部隐藏的深层次特征，同时还具有良好的泛化性能。另外，该特征学习网络的结构更简单，预测精度也更理想。

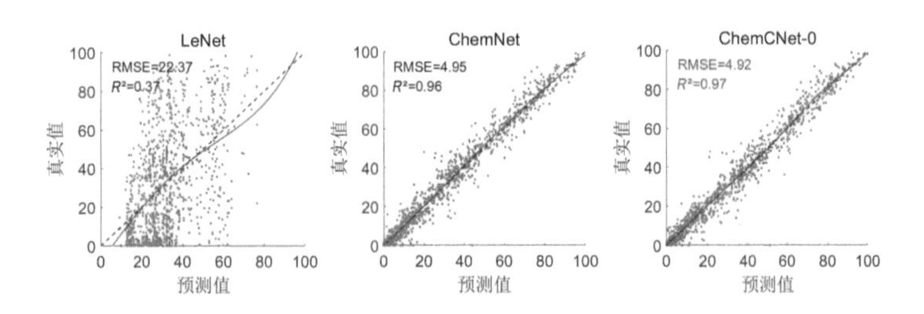

图 9-6　LetNet，ChemNet，ChemCNet-0 预测结果散点图

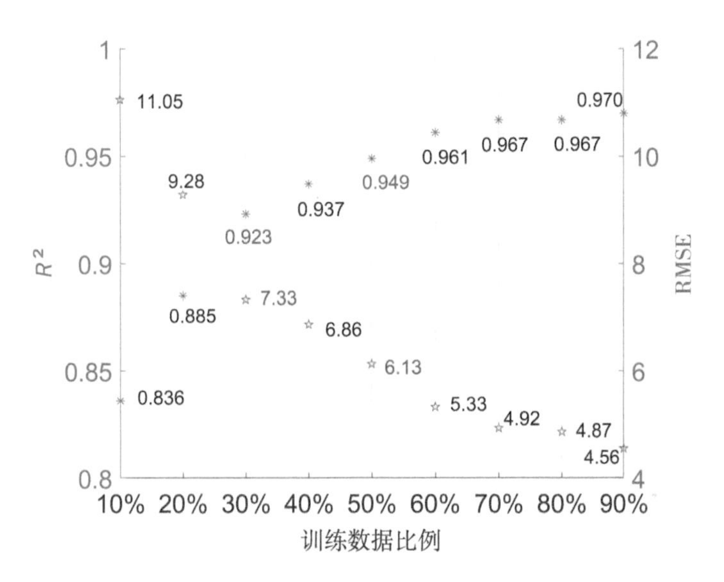

图 9-7　不同大小训练集下 ChemCNet-0 的预测结果

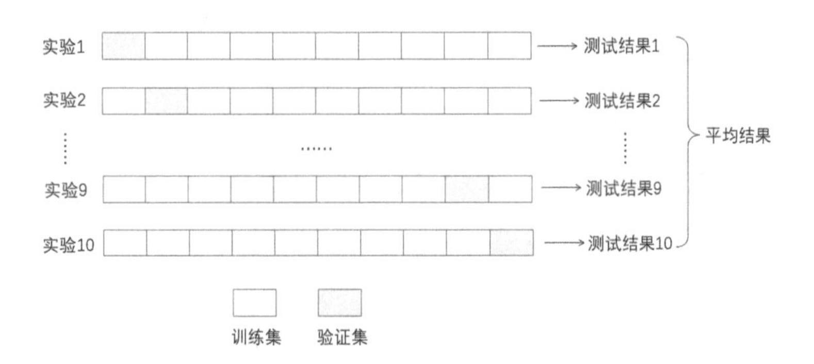

图 9-8　交叉验证方法和数据集划分

表 9-3　10 次十折交叉验证方法的实验结果

实验次数	R^2	RMSE
1	0.969	4.73
2	0.970	4.69
3	0.968	4.92
4	0.969	4.89
5	0.970	4.65
6	0.959	5.49
7	0.973	4.54
8	0.972	4.64
9	0.974	4.50
10	0.959	5.50
平均值	0.968	4.86

9.2.3 预测精度分析

将 CatBoost 模型和 ChemCNet 混合模型进行比较，CatBoost 参数设定与第 8 章设置的保持一致。使用 R^2 和 RMSE 作为评价指标来度量预测效果。两个模型的预测结果如图 9-9 所示。可以看到，ChemCNet 混合模型的预测结果更好，R^2 值达到了 0.97，RMSE 值降至了 4.88，预测精度明显更胜一筹，而且 ChemCNet 混合模型的预测值与真实值分布得更紧密，数据点距离直线 $y=x$ 更近。

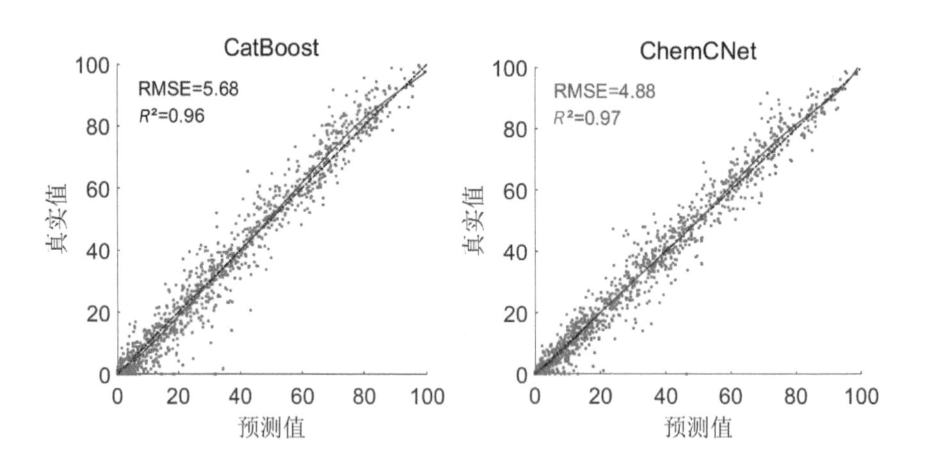

图 9-9　ChemCNet **模型与** CatBoost **模型预测结果对比**

图 9-10 为两种模型预测值对产率真实值的拟合情况(由于样本量大，这里仅展示前 200 个样本的拟合情况)，可以看到 ChemCNet 的预测曲线与真实值贴合度更高。

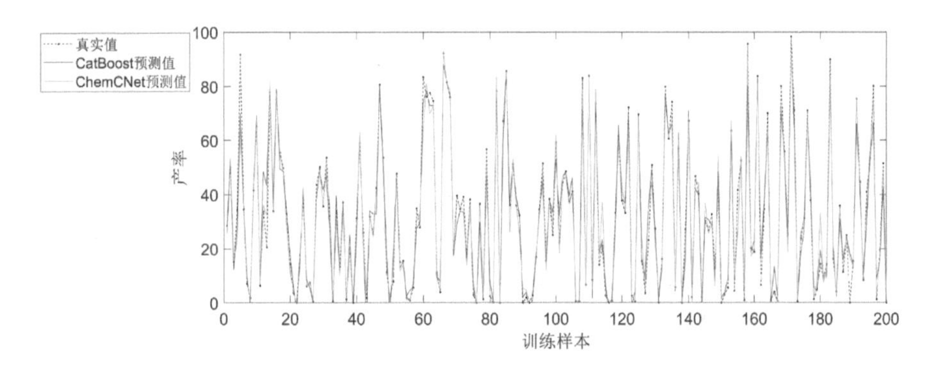

图 9-10 ChemCNet **模型与** CatBoost **模型预测值与真实值拟合情况**

图 9-11 为 ChemCNet 混合模型与 CatBoost 模型的预测结果箱线图，可以看出，ChemCNet 混合模型的预测结果（RMSE 和 R^2）的箱子更小，说明 ChemCNet 混合模型的预测结果数据分布更集中，数据波动性更小，预测性能最好最稳定。以上证明了 ChemCNet 混合模型对真实值的拟合程度更佳，也证明了 ChemCNet-0 强大的特征提取能力，有效挖掘了数据的深层特征，获得了更理想的预测精度。

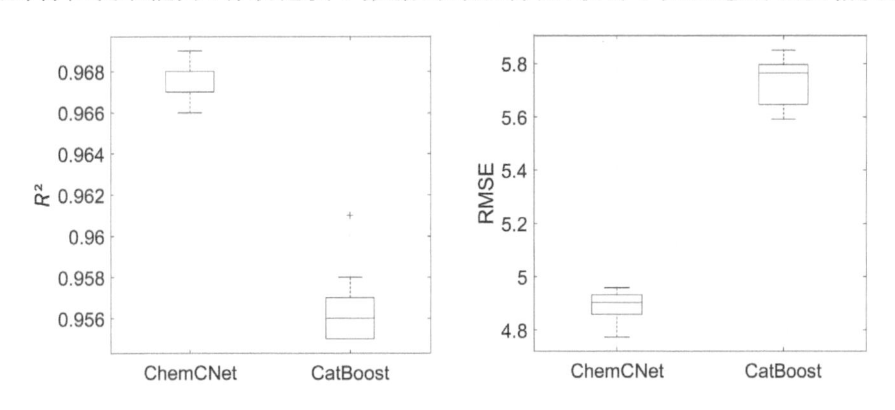

图 9-11 ChemCNet **模型与** CatBoost **模型预测结果箱线图对比**

为了更加清晰地对比这两种模型的预测值和真实值的误差，进一步使用残差图来分析模型回归预测的效果。残差图是一种用来诊断回归模型效果的图。在残差图中，如果残差点比较均匀地分布在 0 附近的水平带状区域中，则说明选用的模型具有良好的拟合效果和回归效果，而且带状区域宽度越窄，说明选用的模型对真实值的拟合效果越好。图 9-12 分别为 CatBoost 和 ChemCNet 混合模型的残差图，可以看到，CatBoost 模型的残差点分布较为分散，分布区域也较宽，而 ChemCNet 混合模型的残差点更加聚集于直线 $y = 0$ 周围，分布得更集中，分布区域更窄，预测效果明显优于

CatBoost 模型，这再次证明了 ChemCNet 混合模型优良的预测性能。

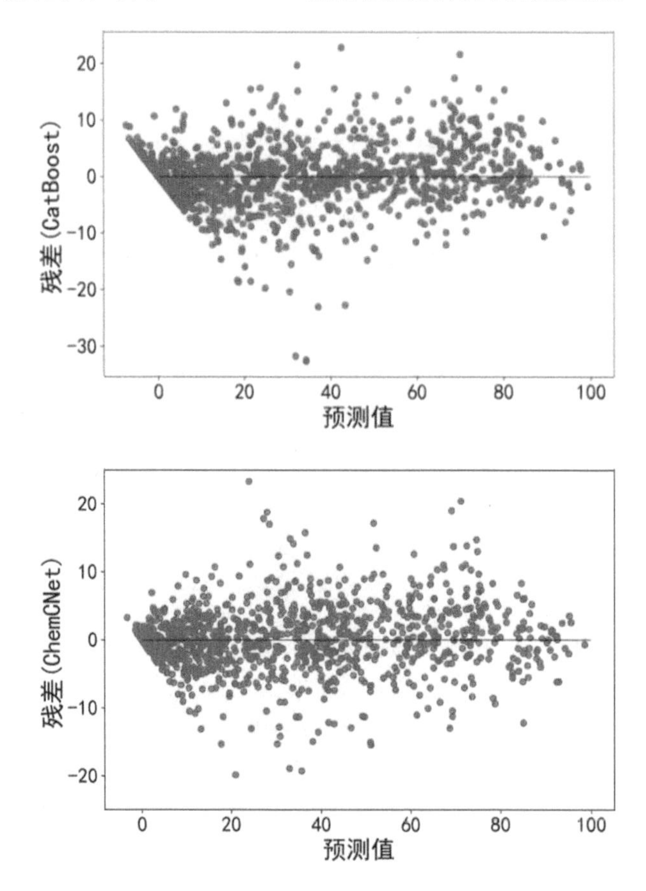

图 9-12 ChemCNet 模型与 CatBoost 模型回归残差图对比

另外，从图 9-13 可看出，在不同比例的训练数据的情况下，ChemCNet 混合模型的预测结果均优于 CatBoost，且在较小比例训练数据的情况下亦可获得可接受的预测精度。

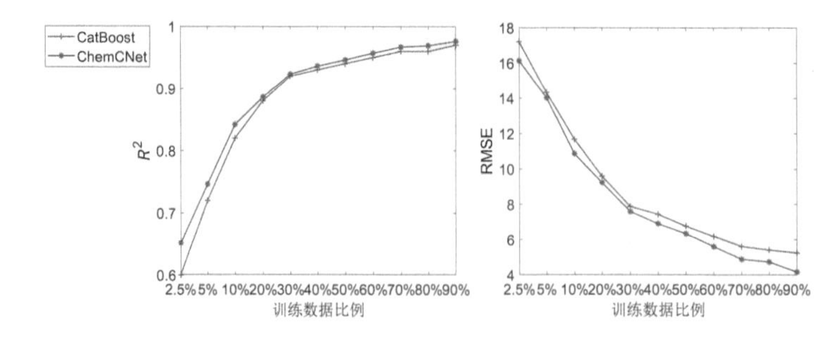

图 9-13 两模型在不同比例训练数据下的预测结果

保持 ChemCNet-0 结构不变，将 ChemCNet 混合模型分别与 ChemCNet-0＋GBDT、ChemCNet-0＋Decision Tree、ChemCNet-0＋Random Forest、ChemCNet-0＋Extra Tree 混合模型进行比较，实验结果如图 9-14 所示，可以看到，ChemCNet-0＋机器学习回归器的混合模型的预测精度比单一机器学习回归器，包括 GBDT、Decision Tree、Random Forest、Extra Tree 要好。其中，ChemCNet 混合模型的 RMSE 最低，说明本文构建的 ChemCNet 混合模型的预测精度最高。同时也可以看到，在经过 ChemCNet-0 网络特征学习后，机器学习模型 GBDT、Decision Tree、Random Forest、Extra Tree 的预测精度都得到了明显的提升，这也证明了 ChemCNet-0 优秀的特征提取能力。

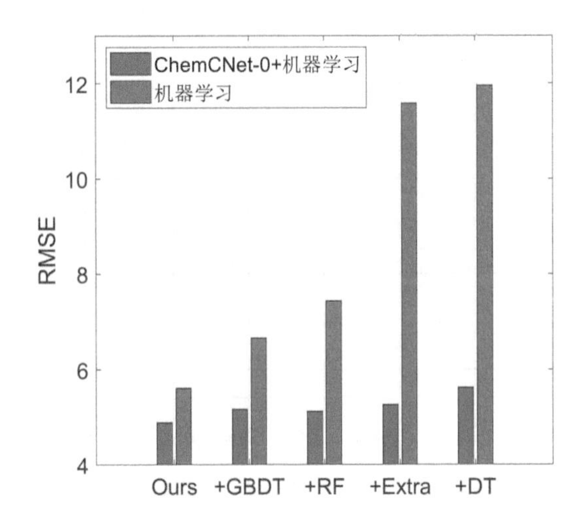

图 9-14　ChemCNet-0＋机器学习回归器与单一机器学习回归器 RMSE 值对比

此外，本节还进行了消融实验(表 9-4)：对比第 1、3、4 行可以看出，单一模型(CatBoost、ChemNet-0)的预测精度不如混合模型 ChemCNet；对比 1、4 行可以看出添加网络表示学习能有效提高预测精度；对比 2、3 行可以看出在添加注意力机制层后，在没有显著增加模型复杂度的同时，对预测结果的提升也起到了一定的帮助；对比 3、4 行可以看出将 CatBoost 回归器作为输出层后能再次提高预测精度。

表 9-4 消融实验

序号	模型	CatBoost	网络表示学习	注意力机制	R^2	RMSE
1	CatBoost	√			0.9610	5.68
2	DCNN		√		0.9666	4.94
3	ChemCNet-0		√	√	0.9669	4.92
4	ChemCNet	√	√	√	0.9674	4.88

本节还与一些前沿的机器学习模型，包括 Random Forest、XGBoost、CatBoost、AM－1D－CNN、ChemCNN[66]的预测结果进行了对比，表 9-5 为各模型预测精度结果对比，从中可以看到 ChemCNet 模型的 R^2 最高，RMSE 最小，预测结果最优。

表 9-5 与其他机器学习方法预测精度的对比

序号	模型	R^2	RMSE
1	Random Forest	0.92	7.80
2	XGBoost	0.95	5.90
3	CatBoost	0.96	5.71
4	AM-1D-CNN	0.96	5.01
5	ChemNet	0.96	4.95
6	ChemCNet	0.97	4.88

图 9-15 为 ChemCNet-0 与 ChemCNet 模型的运行时间对比箱线图，可以看到，相较于传统的输出层(全连接层)，应用 CatBoost 回归器拟合网络提取的抽象特征，在提高预测精度的同时也减少了运行时间。

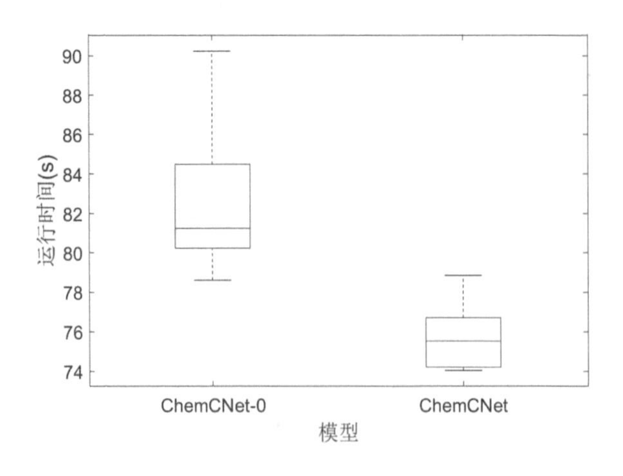

图 9-15 ChemCNet-0 模型与 ChemCNet 模型运行时间箱线图

9.2.4 泛化性能分析

为分析 ChemCNet 混合模型的泛化性能，本节采取同本文 6.2.6 节实验设置一样的样本外预测实验进行分析。实验结果如图 9-16、9-17 所示。从图 9-16 中可以看到，对这五种添加剂进行样本外预测，ChemCNet 混合模型的预测结果均明显高于 CatBoost 的预测结果；图 9-17 为 CatBoost 与 ChemCNet 混合模型样本外预测精度的雷达图对比，从图 9-17 中可以看到，ChemCNet 混合模型雷达图形更为规则，即实验结果更平稳，没有出现较大的系统波动与实验误差。

以上实验结果说明 ChemCNet 混合模型具有良好的泛化性能，这也证明了使用 ChemCNet-0 进行特征学习的有效性和意义，同时也从侧面反映了特征学习对模型性能的提升及最终实验结果的好坏都具有十分重要的影响和作用。

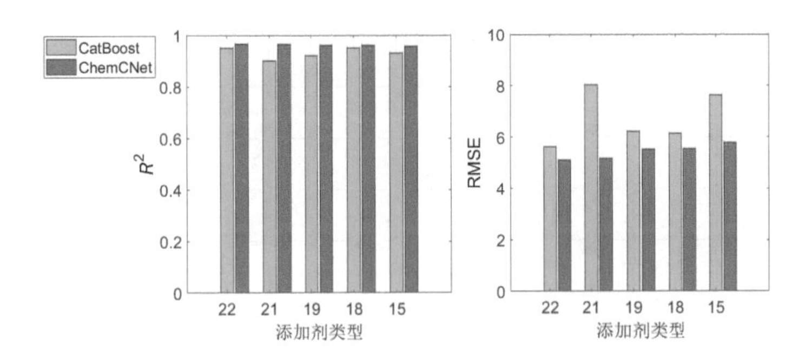

图 9-16 ChemCNet 混合模型样本外预测结果柱形图对比

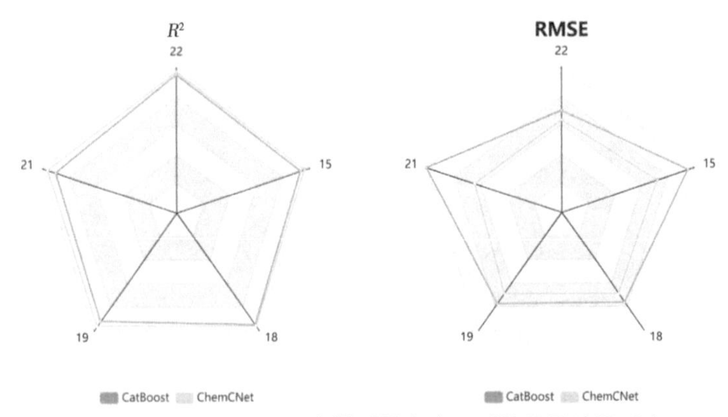

图 9-17 ChemCNet 混合模型样本外预测结果雷达图对比

9.3 本章小结

模型表征能力的好坏对后续实验结果的理想与否有着至关重要的影响，本章根据数据的特点，构建了一个轻量级的卷积神经网络，提取数据的深层抽象特征，同时添加一个轻量级的注意力模块，在避免复杂网络结构的同时聚焦关键特征，增强数据的表达效果，然后以此作为特征提取器，与集成提升树模型 CatBoost 结合，最终构建了 ChemCNet 混合模型。实验表明，ChemCNet 混合模型具有良好的预测性能，实现了对反应产率的精准预测，这将更好地助力化学学科的研究，为化学研究人员提供更有价值的帮助。

参考文献

[1] RUIZ-CASTILLO P, BUCHWALD S L. Applications of Palladium-Catalyzed C-N cross-coupling Reactions[J]. Chem. Rev. 2016 (116): 12564—12649.

[2] HARTWIG J F. Evolution of a fourth generation catalyst for the amination and thioetherification of aryl halides[J]. Acc. Chem. Res. 2018 (41): 1534—1544.

[3] SURRY D S, BUCHWALD S L, Biaryl phosphane ligands in palladium catalyzed amination[J] Angew. Chem. Int. Ed. 2008 (47): 6338—6361.

[4] HERAVIM M, KHEILKORDI Z, ZADSIRJAN V, et al. Buchwald-Hartwig reaction: an overview[J]. J. Org. Chem. 2018 (861): 17—104.

[5] AHNEMAN DT, ESTRADA JG, LIN S, et al. Predicting reaction performance in C-N cross-coupling using machine learning[J]. Science, 2018, 360 (Apr. 13 TN. 6385): 186—190.

[6] DUDOIT S, FRIDLYAND J, SPEED TP. Comparison of discrimination methods for the classification of tumors using gene expression data[J]. Journal of the American Statistical Association, 2002, 97(457): 77—87.

[7] ROBERT T. Regression shrinkage and selection via the lasso[J]. Journal of the Royal Statistical Society: Series B, 1996, 58(1): 267—288.

[8] QUINLAN J R. Induction of Decision Trees[J]. Machine Learning, 1996, 1(1): 81—106.

[9] QUINLAN J R. C4. 5: Programs for Machine Learning[M]. Morgan Kaufmann Publishers Inc, 1993: 25—30.

[10] 周志华. 机器学习[M]. 北京: 清华大学出版社, 2016: 73—79.

[11] BREIMAN L, FRIEDMAN J H, OLSHEN R A, et al. Classification

and Regression Trees[J]. International Biometric Society, 1984, 40(3): 358.

[12] BREIMAN L. Random Forests[J]. Machine Learning, 2001, 45(1): 5—32.

[13] BREIMAN L. Bagging Predictors[J]. Machine Learning, 1996, 24(2): 123—140.

[14] FRIEDMAN JEROME H. Greedy function approximation: a gradient boosting machine[J]. Annals of Statistics, 2001, 29:1189—1232.

[15] CHEN T Q, GUESTRIN C. XGBoost: a scalable tree boosting system [J]. Association for Computing Machinery, 2016, 22: 785—794.

[16] Meinshausen N, Ridgeway G. Quantile regression forests[J]. Journal of Machine Learning Research, 2006, 7(35): 983—999.

[17]宋元峰，万凌云，刘涌，等. 基于核密度估计的概率分布函数拟合方法[J]. 电网与清洁能源，2016，32(6)：85—88.

[18] HINTON G E, SALAKHUTDINOV R R. Reducing the Dimensionality of Data with Neural Networks[J]. Science, 2006, 313(5786):504—507.

[19] ZHOU Z H, FENG J. Deep Forest: Towards an Alternative to Deep Neural Networks[C]. In Proceedings of the 26th International Joint Conference on Artificial Intelligence, 2017: 3553—3559.

[20] ZHOU Z H, FENG J. Deep Forest[J]. National Science, 2019(1): 13.

[21]Mu XC, Dong J, Peng LC, etal. Deep Forest—Based Inteligent Yield Predicting of Buchwald—Hartwig Cowpling Reaction[J]. Match, 2022(1):88.

[22] ACI M, AVCI M. K-nearest neighbor Reinforced Expectation Maximization Method [J]. Expect Systems with Applications, 2011, 38(10): 12585—12591.

[23] FUREY T S, CRISTIANINI N, DUFFY N, et al. Support Vector Machines Classification and Validation of Cancer Tissue Samples Using Microarray Expression Data[J]. Bioinformatics, 2000, 16(10): 906—914.

[24] WILUSZ T. Neural networks — a Comprehensive Foundation [J]. Neurocomputing, 1995, 8(3): 356—360.

[25] FRIEDMAN J H. Greedy Function Approximation: A Gradient Boosting Machine[J]. Annals of Statistics, 2001, 29(5): 1189—1232.

[26] LECUN Y，BENGIO Y. Convolutional Networks for Images，Speech，and Time-Series[J]. The Handbook of Brain Theory and Neural Networks，1998，3361(10)：255－258.

[27] CHAWLA N V，BOWYER K W，HALL L O，et al. SMOTE：Synthetic Minority Over-Sampling Technique[J]. Journal of Artificial Intelligence Research，2002，16(1)：321－357.

[28] DENG W，HU J，GUO J. Extended SRC：Under Sampled Face Recognition via Intraclass Variant Dictionary[J]，IEEE Transactions on Pattern Analysis and Machine Intelligence，2012，34(9)：1864－1870.

[29] COHEN J. A Coefficient of Agreement for Nominal Scales[J]. Educ Psychol Meas，1960，20(1)：37－46.

[30] FRIEDMAN M. The Use of Ranks to Avoid the Assumption of Normality Implicit in the Analysis of Variance[J]. Publications of the American Statistical Association，1939，32(200) ：675－701

[31] GRANDA J M，DONINA L，DRAGONE V，et al. Controlling an Organic Synthesis Robot with Machine Learning to Search for New Reactivity[J]. Nature，2018，559 (Jul. 19 TN. 7714)：377－381.

[32] F DE ALMEIDA A，MOREIRA R，RODRIGUES T. Synthetic organic chemistry driven by artificial intelligence[J]. Nature Reviews Chemistry，2019，3 (10)：589－604.

[33] LUNDBERG S，Lee S-I. A unified approach to interpreting model predictions[J]. Neural Information Processing Systems，2017，31：4768－4777.

[34] TYLER B. BetaBoosting [EB/OL]. https://pypi. org/project/BetaBoost/，2021.

[35] EUGENE N，LEE C，FAMOYE F. beta－normal distribution and its application[J]. Communications in Statistics：Theory & Methods，2002，31(4)：497－512.

[36] AHNEMAN D T，ESTRADA J G，LIN S，et al. Predicting reaction performance in C-N cross-coupling using machine learning[J]. Science，2018，360 (Apr. 13 TN. 6385)：186－190.

[37]裴耀. 分位数回归及其应用[D]. 华中师范大学，2014.

[38] LUNDBERG S, LEE S-I. A unified approach to interpreting model predictions[J]. Neural Information Processing Systems, 2017, 31, 4768—4777.

[39] YAMAMOTO T, NISHIYAMA M, KOIE Y. Palladium-catalyzed synthesis of triarylamines from aryl halides and diarylamines[J]. Tetrahedron Letts, 1998, 39(16): 2367—2370.

[40] CHEN T Q, GUESTRIN C. XGBoost: a scalable tree boosting system [J]. Association for Computing Machinery, 2016, 22: 785—794.

[41] WU K, DOYLE A G. Parameterization of phosphine ligands demonstrates enhancement of nickel catalysis via remote steric effects[J]. Nature Chemistry, 2017, 9 (8): 779—784.

[42] YADA A, NAGATA K, ANDO Y, et al. Machine Learning Approach for Prediction of Reaction Yield with Simulated Catalyst Parameters [J]. Chemistry Letters, 2018, 47(3): 284—287.

[43] FUJINAMI M, SEINO J, NAKAI H. Quantum Chemical Reaction Prediction Method Based on Machine Learning [J]. Bulletin of the Chemical Society of Japan, 2020, 93(5): 685—693.

[44] LUM P Y, SINGH G, LEHMAN A, et al. Extracting insights from the shape of complex data using topology[J]. Scientific Reports, 2013, 3(1236): 1—8.

[45] BEKSI W J, PAPANIKOLOPOULOS A. 3D point cloud segmentation using topological persistence[J]. IEEE. 2016: 5046—5051.

[46] SINGH G, MEMOLI F, CARLSSON G. Topological methods for the analysis of high dimensional data sets and 3d object recognition[J]. PBG-Comput. 2007(2): 091—100.

[47] ROMAN-RANGEL E, MARCHAND-MAILLET S, Inductive t-SNE via deep learning to visualize multi-label images[J]. Engineering Applications of Artificial Intelligence 2019 (81): 336—345.

[48] MCINNES L, HEALY J, MELVILLE J. Umap: Uniform manifold approximation and projection for dimension reduction. arXivpreprint. 2018 (1): 289—302.

[49] RAHBARI A, R′EBILLAT M, MECHBAL N, et al. Unsupervised

damage clustering in complex aeronautical composite structures monitored by Lamb waves: An inductive approach[J]. Engineering Applications of Artificial Intelligence, 2021 (97): 104099.

[50] PENG L C, DONG J, MU X C, et al. Intelligent predicting reaction performance in multi-dimensional chemical space using quantile regression forest [J]. MATCH Commun. Math. Comput. Chem. 2022 (87): 299—318.

[51] DONG J, PENG L C, YANG X H, et al. XGBoost-based intelligence yield prediction and reaction factors analysis of amination reaction[J]. J. Comput. Chem. 2022 (43): 289—302.

[52] KE G L, MENG Q, FINLEY T, et al. Lightgbm: A highly efficient gradient boosting decision tree. 31st Conference on Neural Information Processing Systems.

[53] VAN DER MAATEN L, Hinton G. Visualizing high—dimensional data using t-sne[J]. Journal of Machine Learning Research, 2008, 9(86): 2579—2605.

[54] MCINNES L, HEALY J, MELVILLE J. UMAP: uniform manifold approximation and projection for dimension reduction[J]. arXiv preprint. arXiv: 1802.03426, 2018, 1—63.

[55] FALL Y, REYNAUD C, DOUCET H, et al. Ligand-free-palladiumcatalyzed direct 4-arylation of isoxazoles using aryl bromides [J]. European Journal of Organic Chemistry, 2010, 41 (24): 4041—4050.

[56] SHIGENOBU M, KAZUHIRO TAKENAKA D, HIROAKI SASAI P D. Palladium-catalyzed direct C-H arylation of isoxazoles at the 5-position[J]. Angewandte Chemie, 2015, 54 (33): 9572—9576.

[57] DOROGUSH A V, GUSEV G, GULIN A. CatBoost: unbiased boosting with categorical features[J]. Computer Science, 2018, 6637—6647.

[58] PROKHORENKOVA L, GUSEV G, VOROBEV A. CatBoost: gradient boosting with categorical features support[J]. Computer Science, 2018, doi: 10.48550/arXiv.1810.11363.

[59] Wu L, Doyle A G. Parameterization of phosphine ligands demonstrates enhancement of nickel catalysis via remote steric effects[J]. Nature Chemistry,

2017，9 (8)：779—784.

[60] ZHANG W，LU L X，ZHANG W，et al. Electrochemically driven cross-electrophile coupling of alkyl halides[J]. Nature，2022，604 (Apr. 14 TN. 7905)：292—297.

[61] WOO S，PARK J，LEE J Y，et al. CBAM：convolutional block attention module[J]. Proceedings of the European Conference on Computer Vision，2018，3—19.

[62] GAO Z L，XIE J T，WANG Q L，et al. Global Second-Order Pooling Convolutional Networks[J]. 2019 IEEE/CVF Conference on Computer Vision and Pattern Recognition (CVPR)，2019，3019—3028.

[63] FU J，LIU J，TIAN H J，et al. Dual attention network for scene segmentation[J]. 2019 IEEE/CVF Conference on Computer Vision and Pattern Recognition (CVPR)，2019，3141—3149.

[64] HU J，SHEN L，SUN G，et al. Squeeze-and-excitation networks[J]. 2018 IEEE/CVF Conference on Computer Vision and Pattern Recognition，2018，7132—7141.

[65] Wang Q L，Wu B G，Zhu P F，et al. ECA-Net：Efficient Channel Attention for Deep Convolutional Neural Networks [J]. 2020IEEE/CVF Conference on Computer Vision and Pattern Recognition (CVPR)，2020，11531—11539.

[66] ZHAO Y N，LIU X C，LU H，et al. An optimized deep convolutional neural network for yield prediction of Buchwald-Hartwig amination[J]. Chemical Physics，2021，550：111296.